（插图版）

爷爷的爷爷哪里来

贾兰坡 著
格子工作室 绘

湖南少年儿童出版社 HUNAN JUVENILE & CHILDREN'S PUBLISHING HOUSE · 长沙

图书在版编目（CIP）数据

爷爷的爷爷哪里来 / 贾兰坡著；格子工作室绘. —长沙：湖南少年儿童出版社，2023. 8
（大科学家讲科学：插图版）
ISBN 978-7-5562-7020-0

Ⅰ. ①爷… Ⅱ. ①贾… ②格… Ⅲ. ①人类起源—少儿读物 Ⅳ. ①Q981. 1-49

中国国家版本馆 CIP 数据核字（2023）第 053582 号

大科学家讲科学 · 爷爷的爷爷哪里来

DAKEXUEJIA JIANG KEXUE · YEYE DE YEYE NALI LAI

出 版 人：刘星保　　总 策 划：周　霞
策划编辑：钟小艳　　责任编辑：吴　蓓
封面设计：进　子　　版式设计：进　子
质量总监：阳　梅　　营销编辑：罗钢军

出版发行：湖南少年儿童出版社
地　　址：湖南省长沙市晚报大道 89 号　　邮　　编：410016
电　　话：0731-82196320
常年法律顾问：湖南崇民律师事务所　　柳成柱律师
印　　制：长沙新湘诚印刷有限公司
开　　本：889 mm × 1194 mm　1/16　　印　　张：8.25
版　　次：2023 年 8 月第 1 版　　印　　次：2023 年 8 月第 1 次印刷
书　　号：ISBN 978-7-5562-7020-0
定　　价：39.80 元

目录

Contents

第1章

从“神创论”到认识上的蒙昧时期

人很早就想知道自己是怎么来的。由于科学的落后，人们得不到正确的认识，说人是用泥土造的，也就是“神创论”。“神创论”在世界上流传很广，东、西方都有这样的神话故事传播。

在中国广为流传的是盘古开天辟地和女娲抟土造人。古人们认为，世界上最初没有万物，后来出现了盘古氏，他用斧头劈开了天、地，天一天天加高，地一日日增厚，盘古氏也一天天跟着长大。万年之后，成了天高不可测、地厚不可量的世界，盘古氏也成了顶天立地的巨人，支撑着天与地。他死后化成了太阳、月亮、星星、山川、河流和草木。天地星辰、山川草木、虫鱼鸟兽出现了，只是世界上还没有人。这时女娲出现了，她取土和水，抟成泥，捏成人，从此世上就有了人。

在国外的神话中，也有相似的说法。埃及的传说中，人是由鹿面人身的神——哈奴姆用泥土塑造成的，并与女神赫脱给了这些泥人生命。在希腊的神话中，普罗米修斯用泥土捏出了动物和人，又从天上偷来火种交给了人类，并教会了人类生存技能。

随着人类社会的不断发展，神话传说被宗教利用，成为宗教的经典，并撰成教义，使之在人们中广为流传。关于“上帝造人”，古犹太教《旧约全书》的“创世记”部分，说上帝花了6天时间创造了世界和人类：第一天创造了光，分了昼夜；第二天创造了空气，分了天地；第三天创造了陆地、海洋和各种植物；第四天创造了日月星辰，分管时令节气和岁月；第五天创造了水下和陆上的各种动物；第六天创造了男人和女人及五谷、牲畜；第七天上帝感到累了，休息了。在基督教《圣经》中的“创世说”中，耶和华创造了天地之后，世界仍一片荒芜，于是他降甘露于大地，

长出了草木。耶和华用泥捏了一个人，取名“亚当”，造了一个伊甸园，把亚当安置在里面。伊甸园中有各种花木，长着美味的果实。后来耶和华感到亚当一个人很寂寞，在亚当熟睡之时，抽出他的一根肋骨造了一个女人，取名“夏娃”，把各种飞禽走兽送到他们跟前。后来，夏娃偷吃了禁果。耶和华把亚当、夏娃贬下尘世，随后发了一场洪水作为对世间罪恶的惩罚，并造了一条诺亚方舟，来拯救世间无辜的生灵。

不管是女娲抟土造人还是上帝造人，这些神话和传说都并非出于偶然，而是人们很想了解和知道自己是怎么来的，由于不得其解才造出了“神创论”。

我小时是在农村度过的。逮蝈蝈、掏蛐蛐、捉鸟、拍黄土盖房是我们那个时代儿童最普遍的游戏。每逢我玩后回家，母亲都要为我冲洗，有时一天两三遍。母亲边搓边唠叨：“要不怎么说人是用土捏的呢！无论

怎么搓，都能搓下泥来。” 我 6 岁时到离我家不远的外祖母家读私塾，也常听老师和外祖母这样说。可见“人是泥捏的”这一传说流传得多广、多深了。

何时出现的传说，不得而知，想来在有文字之前就已经开始了。而与“神创论”唱反调的还得说是中国的学者。远在 2000 多年前我国春秋时期的管仲在《管子·水地篇》上说：“水者何也？万物之本原也，诸生之宗室也。” 意思是说，水是万物的根本，所有的生物都来自水。他的这句话说出了生命的起源。

战国时期的伟大诗人屈原在诗歌《天问》中，对自然现象、神话传说一口气提出了一百多个问题。他对女娲抟土造人也提出了质疑：“女娲氏有体，孰制匠之？”意思是说，女娲氏既然也有身体，又是谁造的呢？

最使人惊奇的是，山东省济宁市微山县出土的东汉时期的“鱼、猿、人”的石刻画，原石横长 1.86 米，纵高 0.85 米（现藏于曲阜孔庙），作者不知是谁。在原石的左半部，从右向左并排着鱼、猿、人的刻像，让人看了之后，很自然地会想到"从鱼到人"的进化过程。

山东省微山县两城山出土的鱼、猿、人画像拓片

18世纪的法国博物学家乔治·比丰虽然也曾指出，生命首先诞生于海洋，以后才发展到了陆地——生物在环境条件的影响下会发生变化，器官在不同的使用程度上也会发生变化，但是并没有指出从鱼到人的演化关系。

指出从鱼到人的演化关系并发表名著的是美国古脊椎动物学家威廉·格雷戈里。1929年他发表的《从鱼到人》，把人的面貌和构造与猿、猴等哺乳类、爬行类、两栖类相比较，把我们的面形一直追溯到鱼类。在当时，由于获得的材料有限，在演化过程中缺少的环节太多，有人嫌他的说法不充分，甚至指责他的某些看法是错误的。把从鱼演化到人的

一枝一节都串联起来谈何容易，你知道演化经过了多少时间吗？鱼类的出现，从地质时代的泥盆纪起，到现在已有3.7亿年了，这是多么漫长的时间啊！

演化资料的来源并非虚构的，而是来自地下。地层内就是一部巨大的“书”，它包罗万象。有许多许多东西是由地下取得的，就拿脊椎动物

化石来说吧，其实也就是老百姓经常说的“龙骨”。它们绝大多数是哺乳动物的骨骼，由于在地下埋藏的时间较长，得以钙化。但是要成为化石，还要有一定的条件。首先，包括人在内的动物死亡后，能尽快地被埋藏起来，使其不暴露；然后，经过隔离氧化，年代久之即可成为化石——我们所要研究的材料。虽然许多人将脊椎动物的骨骼叫作“龙骨”，但从来也没人见过想象中的“龙”。我跑过除西藏以外的很多省份也找不到“龙”

的蛛丝马迹。所谓的“恐龙”,原意为巨大的蜥蜴之类的爬行动物，原是日本学者用的译名，我们也就随之使用了。

除了化石的形成条件，还要能发现它们，直到把它们一点一点地发掘出来，也不是一件很容易的事，其中有很高的技术含量。从发掘到复原，使之完整地再现于人们的眼前，再加上翻制模型，都必须有很高超的技术。

第2章

“人类起源”科学来之不易

"人类起源"，也有人称为"从猿到人"，或"人之由来"，等等。其实都是一个意思：人类是怎样一步一步演化成今天这个样子的。

有关人类起源的知识得来很不容易。许多学者对这门学科的研究从不松懈，也不怕别人谩骂和非议，一代接一代不屈不挠地进行着。直到目前，仍有许许多多的问题需要由后来人接着研究下去。但是再没有什么人反对人是从猿演化而来的了，这是最大的胜利。下面我先谈谈这门学科的历史，你就可以知道它来之不易了。人类起源的研究历史，是很晚的事，至今不到200年。

在欧洲中世纪，宗教和神学思想统治了很长的时间，许多科学的观点被扼杀。直到文艺复兴运动的兴起，人们的思想、感情得到了大解放，出现了一大批思想家、文学家和科学家，完成了很多的科学发现。在人类起源问题上，1859年，英国生物学家查尔斯·达尔文发表了《物种起

源》一书，提出了生物进化理论。在达尔文的启示下，英国博物学家托马斯·赫胥黎在1863年发表了《人类在自然界的位置》，提出了“人猿同祖论”。1871年，达尔文又发表了《人类的由来及性选择》，论证了人类也是进化的产物，是通过能增强其生存和繁殖的变异并遗传给下一代的自然选择从古猿进化而来的。这是世界科学史上划时代的贡献。尽管如此，在那个时代由于证据不足，因此当时所有进化论者感到很苦恼。因为他们不能用真凭实据来说服人。但他们的论点为寻找人类起源的证物——人类化石，指明了方向。

1806年，丹麦的一个委员会决定在他们国内进行历史、自然史和地质学的研究。他们首先遇到的是丹麦没有历史记载的“巨石文化”（古代坟墓的标志）、贝丘（古代人在海边采集贝肉为食，留下堆在一起的贝壳，内中掺有文化遗物）中的许多石器制品，认为传说中的故事对真正的历史事实的帮助是无能为力的。但在工作期间，发现的史前（有记载以前的历史）工具越来越多，因而一个新的委员会要求对这些材料进行仔细的研究。1816年—1865年，汤姆森在哥本哈根任丹麦皇家古物博物馆（即今天的自然博物馆）馆长，又进一步安排、策划、组织人力，对发现物进行分类研究，并根据文化性质编年，建立了石器时代、青铜器时代和铁器时代的顺序。这一工作，虽然由于材料的限制，在当时的情况下，研究的成果不可能达到确凿无误，但是他们所做的科学项目和内容，也可以说是研究人类起源的开端。

1856年8月，在德国杜塞尔多夫以东霍克多尔附近的尼安德特山谷发现了具有原始性质的人类化石。那里是石灰岩地区，工人们采石烧

德国尼安德特山谷

灰，在石灰窑地区内有个山洞，工人们在洞尚未被破坏前见到了一副骨架，附近既无石制的工具，也没有其他哺乳动物的骨骼化石。石灰窑的负责人虽然不是内行，但对这具不完全的骨架感到非常奇怪，特别是保留下来的头盖骨，既不像人的，也不像其他动物的，因而骨架得以保存下来，交给了当地的一名医生。这名医生也不能肯定是人类的骨架，又将骨架送到波恩大学，请教授沙夫豪森鉴定。沙夫豪森认为这副骨架骨骼粗大，头骨前额低平，眉脊粗壮，是欧洲早期居民中最古老的人。赫胥黎见到头骨模型后，也认为是最像猿的人类头骨。后来这具骨架被辗转送到爱尔兰高韦皇后学院的地质学教授威廉·金手中，经研究，他认为在尼安德特山谷发现的这具骨架化石是已经绝种的古代人类遗骸，并于 1864 年按动植物的国际命名法为它命了个拉丁语化的名称，叫“Homo neanderthalensis”（King，1864），我国译为“尼安德特人”。这是双名法命名。后来种类越分越细，改为三名法命名，后面的字是形容词。整整过了 100 年，坎贝尔才又给改了一个三名法的命名，叫“Homo sapiens neanderthalensis”（Campbell，1964）。一般仍叫“尼安德特人”,简称“尼人”。

尼安德特人化石的发现，引起了很大的争议，很多人持怀疑和反对的态度，这是因为当时没有更多的证据。1886年，比利时的斯庇也发现了尼人的骨骼化石及其他哺乳动物化石，这次发现的头骨和在尼安德特山谷发现的头骨特征相同，有关尼人的争议才渐渐平息。同时达尔文的进化论也渐渐被人们接受。

尼人是介于直立人与现代人之间的人类，被称为"早期智人"，年代为距今10万年前—35万年前。之后又发现了比尼人进步的"晚期智人"——克罗马农人，年代为距今3.5万年前—1万年前。尽管在19世纪中叶有大量的古人类化石被发现，达尔文的进化论日渐深入人心，但人们仍不能接受"人猿同祖"和"从猿到人"的进化观念。这是因为没有找到从猿过渡到直立人这个阶段的化石，有些学者以证据不足来对抗进化论。

正当欧洲关于人类起源的争议非常激烈的时候，尤金·杜布瓦在荷兰降生了，那年是1858年。杜布瓦长大后进了医学院，毕业以后当了师范学校的讲师。他对人类起源的问题着了迷。29岁时，杜布瓦开始着手解决人类起源问题。他把想法告诉了一些同事和朋友，遭到同事和朋友

的反对，有人还说他得了精神病。但杜布瓦没有气馁，经过努力，他作为一名随队军医被派往当时由荷兰统治的苏门答腊（现属印度尼西亚），想在那里寻找更原始的古人类化石。功夫不负有心人，1890年他在爪哇（现属印度尼西亚）的克布鲁布斯发现了一件下颌骨残片；1891年又在特里尼尔附近发现了一个头盖骨；1892年在发现头盖骨的附近发现了一个大腿骨。杜布瓦十分高兴，在给欧洲友人的电报中，他称这是“达尔文的缺环”。

正当杜布瓦还在高兴之时，他还没来得及把化石向同行们展示，就成了争论的焦点。有人嘲笑他，有人谩骂他，而教会更是不能容忍他。在各方面的围攻之下，杜布瓦把这些珍贵的人类化石锁在了家乡博物馆的保险柜里，一锁就是28年。

杜布瓦发现了人类化石后，曾于1892年给它取了拉丁语化的名字“直立人猿”（Anthropi thecus erectus），1894年改为“直立猿人”。由于受到教会和各方面的指责和压力，不得已，他“承认”了他发现的是一种猿类化石。尽管杜布瓦又提出了与自己相反的意见，但这种相反的论点并未得到后来人的承认。20世纪30年代，荷兰籍德国古人类学家孔尼华在爪哇又有了

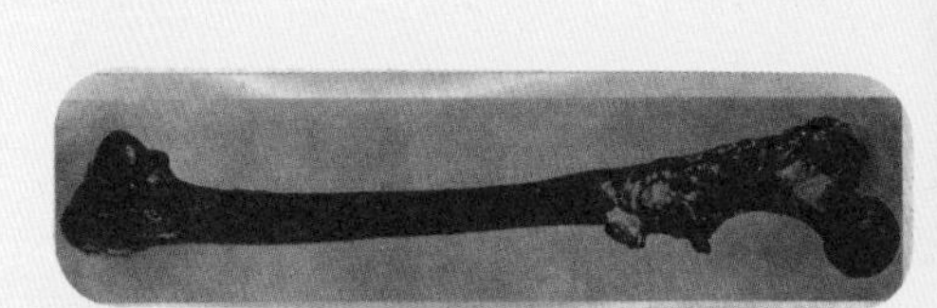
爪哇人腿骨

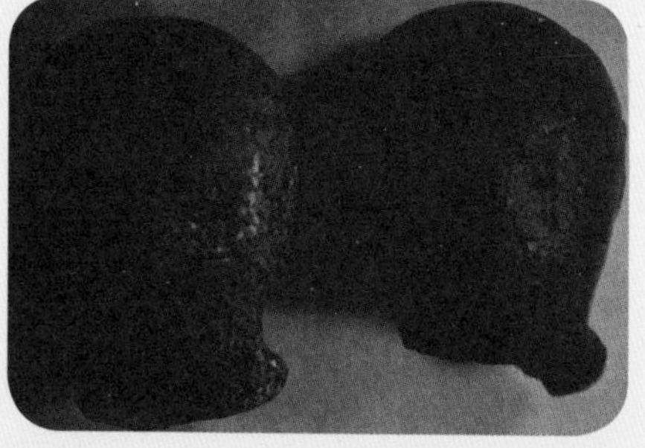
爪哇人头骨

新的发现。曾经研究过“北京人”化石的魏敦瑞看过在爪哇的发现后，对于杜布瓦发现的人类化石，为了命名的统一，1940年把它改为“爪哇直立人”。1964年坎贝尔又把它改为“Homo erectus erectus”，译为“能直立的直立人”，一般译作“标准直立人”。

对于杜布瓦发现的古人类化石，现在我们已经搞清了，是属于更新世早期，距今180万—20万年前的直立人，的的确确是人类演化中的重要一环。杜布瓦把他的发现锁了28年之后，在美国纽约自然历史博物馆馆长亨利·奥斯朋的呼吁下，1923年他打开了保险柜，在一些科学讨论会上展示了他的发现。

顺便说一下，亨利·奥斯朋在当时是最著名的古人类学家、古脊椎动物学家和石器时代考古学家，生前出版了大量著作。我在1931年参加周口店北京人遗址发掘工作的时候，还是个什么都不懂的小青年。除了有导师和学长的帮助外，我最早读的一本书就是 1885 年英国伦敦麦克米兰公司出版的亨利·福罗尔著的《哺乳动物骨骼入门》，从中学到了不少关于哺乳动物骨骼的知识。第二本就是亨利·奥斯朋著的，由纽约查尔斯·斯克里布之子书店于 1925 年出版的《旧石器时代人类》。这使我对古人类，不论是欧洲的发现，还是欧洲之外的发现都有了了解；对古人类所使用过的石器也有了进一步的认识。这两本书现在看来已有些陈旧，但我仍然把它们好好地保存着，因为是它们把我引入到这门学科的大门。在以后的工作实践中，我对这门学科越来越感兴趣，以至于能取得今天的成绩，在这门学科中"长大成人"。当然我更不能忘记师长和同人对我的帮助和支持。

杜布瓦的发现是人还是猿？当时争议很大，因为没有人能够提供更加令人信服的证据，人们仍然有很多疑惑。20 世纪初，学者们把目光转向了中国。

第3章
北京人头盖骨

1915年，美国学者马修出版了《气候与进化》一书，书中马修提出了亚洲是人类的发祥地。奥斯朋也认为人类起源地在中亚地区。这种观点还是由一位在北京行医的德国医生哈贝尔提出的。1903年，他把从北京中药店里买到的“龙骨”，即一批动物化石带到德国，交给德国古生物学家施罗塞研究。施罗塞认为其中有一颗像人的牙齿，但不敢确定，而说是类人猿的。因此，他非常鼓励古生物学家到中国来考察。当时中国的一批学者像章鸿钊、丁文江、翁文灏等人创办了中央地质调查所，丁文江任所长。他们认为地质调查所的任务不应仅限于矿产调查，更应该进行古生物方面的调查和研究。1920年他们聘请美国古生物学家葛利普来华担任中央地质调查所古生物研究室主任兼北京大学古生物学教授，为中国培养古生物学的人才。瑞典地质学家、考古学家安特生也接受了中国政府的聘请，在1914年至1924年来华担任农商部矿政顾问，此时的地质调查所也归了农商部。安特生除担任矿政顾问外，还从事中国新生代地质和化石材料的调查和研究。值得一提的是，1919年北京协和医学院聘请了加拿大医生步达生来华担任解剖科主任。他受马修的影响，

也对在中国寻找古人类化石极为关注。各方面的因素促成了在北京房山周口店发现北京人，使中国的古人类学、旧石器考古学和古脊椎动物学有了突飞猛进的发展。

1918 年，安特生在周口店调查地质情况时，首先在周口店之南约 2000 米处发现了很多鼠类化石。因为石灰窑工人在这个地方采石时发现了很多像鸡骨一样的动物骨骼化石，因此把这个地方称为“鸡骨山”。

1921 年，安特生同奥地利古生物学家师丹斯基又到鸡骨山采集化石。经当地工人指点，在鸡骨山以北 2000 米处，找到了更大的化石地点，名叫“龙骨山”，也就是北京人遗址。在这个地方，他们发现了许多大型的脊椎动物化石。其中，他们最感兴趣的是他们从未见过的肿骨鹿的头骨

和下颌骨等骨骼化石。因为在含化石的地层中有外来的岩石，安特生预感到远古的人类很可能在这里居住过。

1926年的夏天，师丹斯基在瑞典乌普萨拉大学的威曼实验室里，整理从周口店采集的化石时，发现了两颗人类的牙齿。他认为是属于人的，就把这个发现公布了。北京协和医学院解剖科主任步达生看了之后也认为是人的，从而对周口店极感兴趣和关注，开始与农商部地质调查所（中央地质调查所成立时称农商部地质调查所）所长丁文江和翁文灏经常联系，准备发掘周口店地区。最初商谈是中央地质调查所与北京协和医学院解剖科共同成立“人类生物学研究所”，由步达生与美国洛克菲勒基金

会联系资助。后来丁文江、翁文灏建议把“人类生物学研究所”改为“新生代研究室”，作为中央地质调查所的分支机构。1927 年 2 月，双方通过通信方式签订了《中央地质调查所与北京协和医学院关于合作研究华北第三纪和第四纪堆积物的协议书》。协议书共有四款，大约是从 1928 年开始由洛克菲勒基金会资助 22 000 美元，作为到 1929 年 12 月 31 日为止 2 年的研究专款。中央地质调查所拨款 4000 元补贴这一时期费用；步达生在双方指定的其他专家协助下负责野外工作，两三名受聘并隶属中央地质调查所的古生物专家负责与本项目有关的古生物研究工作；一切标本归中央地质调查所所有，在材料不能运出中国的前提下，由北京协和医学院保管，以供研究之用；一切研究成果均在《中国古生物志》或中央地质调查所其他刊物，以及中国地质学会的出版物上发表。新生代研究室 1929 年才正式成立，成

员有名誉主任丁文江、步达生，顾问德日进，副主任杨钟健，周口店野外工作负责人裴文中。

丁文江也特别关心周口店的发现。由于在周口店发现了人牙，他于 1926 年 4 月 20 日在北京崇文门内德国饭店为安特生的荣誉和发现以及送别举行了一次宴会。他请的客人有：斯文赫定、巴尔博、德日进、安特生、翁文灏、葛兰阶、葛利普、金叔初和李四光等中外名人。菜单也是特制的，上边还印上了一个形似猿人，被称为“北京夫人”（Dame Pékinoise）的头像，所有的客人都在菜单上签了名。

周口店的发掘实际上在1927年就开始了。当年地质调查所派地质学家李捷为地质师兼事务主任，瑞典古生物学家步林负责化石的采集和发掘工作，当时步达生估计整个周口店的发掘工作能在2个月内完成。发掘之后才发现这个地区范围之大，埋藏之丰富，问题之复杂，大大超过了原来的设想。那一年发掘土方近3000立方米，发掘深度近20米，获得化石材料近500箱。在工作结束的前3天，步林还在师丹斯基找到第一颗人牙的不远处，又找到了1颗人牙。

步达生对这颗人牙进行了仔细的研究，发现它是一个成年人的左下第一臼齿，与师丹斯基发现的很相似。为此，步达生给这个人命名为“北京中国人”（Sinanthropus pekinensis）。后来，我国古脊椎动物学家杨钟健怕中国人看了后不容易理解，在“中国”两字之后加了个“猿”字，所以简称为“中国猿人”。后来葛利普给它起了一个爱称叫“北京人”。魏敦瑞为研究北京人化石花费了很多心血，完成了几部巨著。随着古人类学的不断发展，猿人的名称被“直立人”取代。1940年才改成“北京直立人”（Homo erectus pekinensis），简称“北京人”。

1928年第一季度过后，周口店的发掘又开始了。这一年李捷离开了周口店，由在慕尼黑大学、师从施罗塞攻读古脊椎动物学并获得博士学位的杨钟健接替。杨钟健回国前曾去过瑞典乌普萨拉大学研究过周口店的化石，对这项工作很熟悉，而且他还任中央地质调查所的技师。主持周口店发掘和日常事务工作的是刚刚从北京大学地质系毕业的、年方24岁的裴文中。这一年发掘的堆积物达2800立方米，获得化石500多箱。最令人欣喜的是发现了2件下颌骨：一件是女性的右下颌骨，另一件也是成人的右下颌骨，上边还有3颗完整的牙齿。下颌骨是人类化石中比较珍贵的材料，这使步达生感到非常兴奋，又向美国洛克菲勒基金会争取到了4000美元的追加拨款。

经过两年的正式发掘，大家都感到周口店龙骨山有特别丰富的堆积。要想把它们都挖掘出来，短时期内不可能完成，而且要弄清龙骨山的地质学上的一些问题，还必须全面地了解周口店附近地区以及更广地区的地质状况。出于这些原因，“新生代研究室”的建立加速了。“新生代研究室”将以更加广泛的综合研究计划来替代将要期满的周口店发掘计

划。丁文江、翁文灏、步达生制订了方案、工作进度、资金预算，所需费用都由洛克菲勒基金会提供。1929 年 4 月，中国农矿部正式批准了“新生代研究室”的组织章程，“新生代研究室”正式挂牌了。

1929年，步林加入西北考察团离开了周口店，杨钟健同德日进到山西、陕西一带进行地质旅行调查，周口店的发掘工作由裴文中主持。裴文中接着上一年往下挖，去掉非常坚硬的第五层的钙板，到第六层时化石明显增多，第七层更是如此，一天之中就能挖到 100 多个肿骨鹿的下颌骨，而且化石都很完整。在第八、九层找到了几颗人牙，其中有 1 颗是齿根很长、齿冠很尖的犬齿，以前没有见到过，这使裴文中干劲倍增。秋季的发掘从 9 月底开始，越往下挖洞穴越窄，裴文中以为到了洞底，结果在北裂隙与主洞相交处向南又伸展出一个小洞。为了探明虚实，裴文中身上拴着绳子亲自下洞去。洞中的化石十分丰富，这使大家又来了精神。这时已到了 11 月底，冬天已经降临，还经常下小雪，天气很冷。本来野

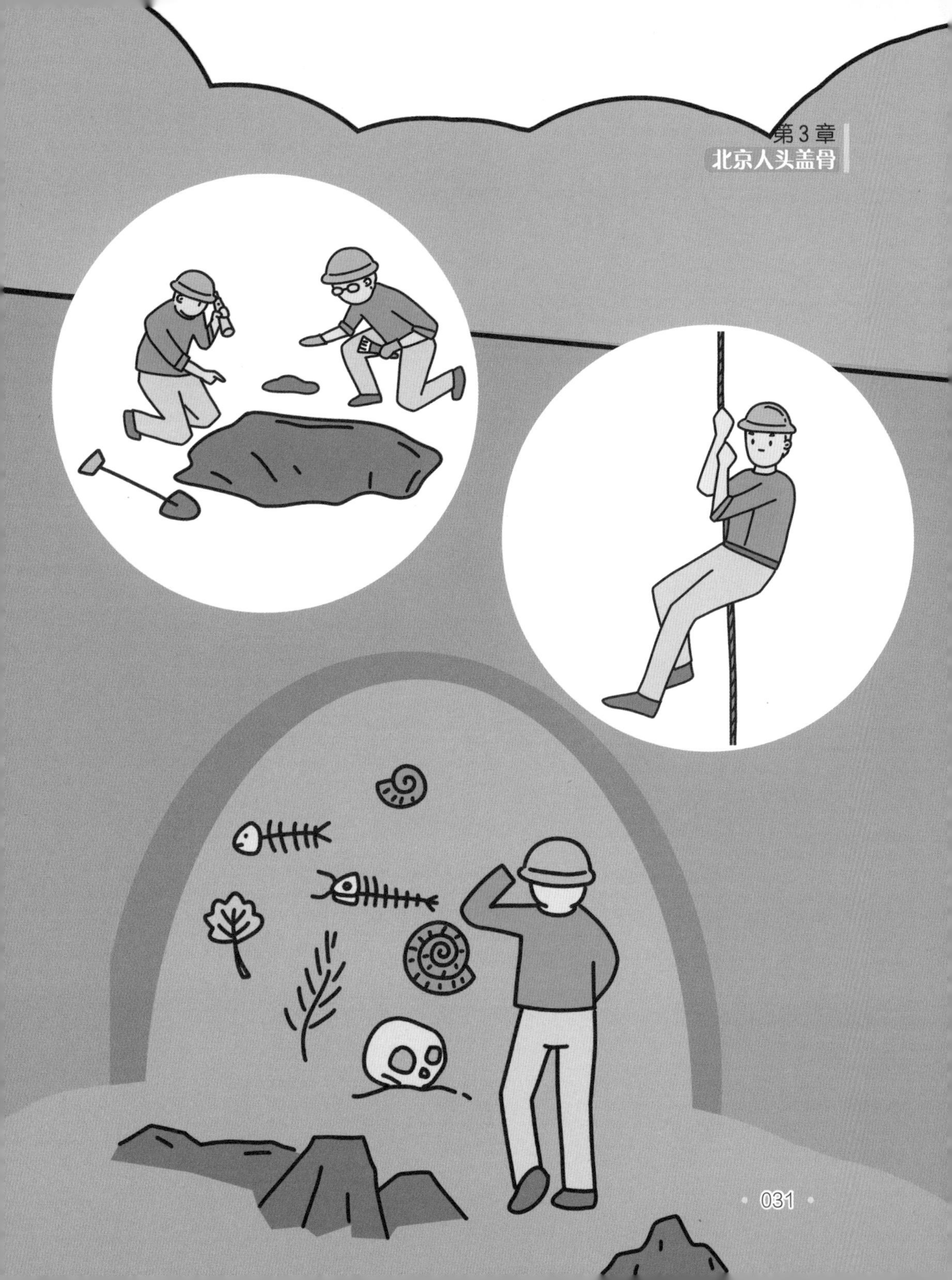

外工作可以结束了，但见到有这么多的化石，裴文中临时决定再多挖几天。

1929年12月2日下午4时，太阳落山了，大家仍在不停地挖着。在离地面十来米深的小洞里更是什么也看不清，我们只好点燃蜡烛继续挖掘。洞内很小，只能容纳几个人，挖出的渣土还要一筐一筐从洞中往上运。突然一个工人说见到了一个圆东西，裴文中马上下去查看。“是人头骨！”裴文中兴奋地大叫起来。大家见到了朝思暮想的东西，此刻的心情真是难以形容。是马上挖，还是等到第二天早上？裴文中觉得等到第二天时间太长了，便决定当夜把它挖出来。化石一半在松土中，一半在硬土中。裴文中先将化石周围的土挖空，再用撬棍轻轻将它撬下来，由于头骨受到震动，有点儿破碎，但并不影响后来的粘连。取到地面上，为了怕它再破碎，裴文中脱掉外衣，把它包了起来，轻轻地、一步一步地把它捧回住地。附近的老百姓跑来看热闹，见到裴文中这么小心地捧着它，一再问工人：“挖到了啥？”工人高兴地答道：“是宝贝。”回到住地，裴文中连夜用火盆将它烘干，包上绵纸，糊上石膏，再用火烘，最后裹上毯子一点一点捆扎好。第二天他派人给翁文灏专程送了信，又给步达

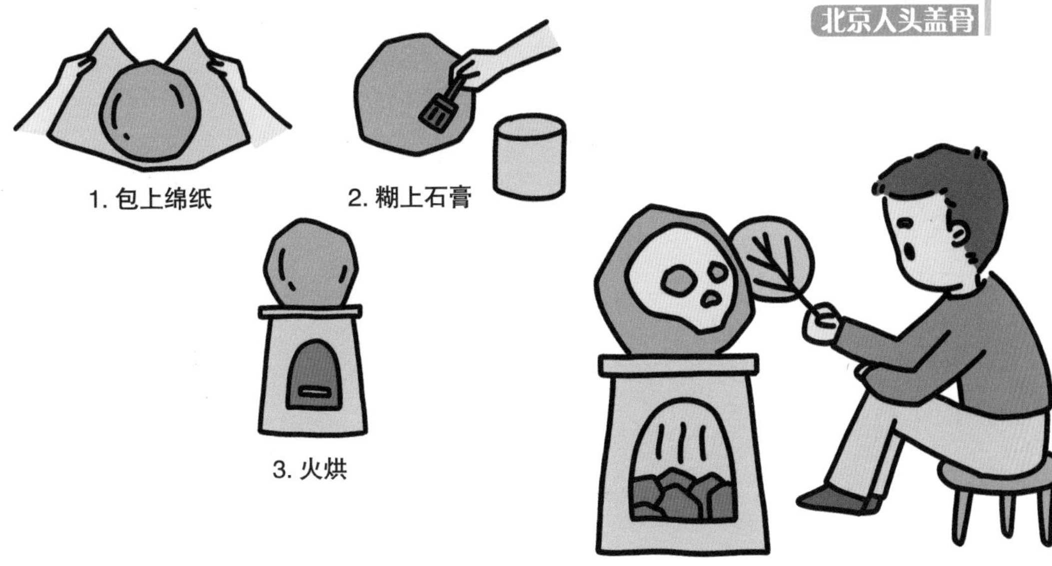

生发了电报：“顷得一头骨，极完整，颇似人。”步达生接到电报，欣喜之际还有点儿半信半疑。12 月 6 日裴文中亲自护送，把头骨交到了步达生手中。步达生立即动手修理，当头盖骨露出真实面目后，步达生高兴得到了发狂的地步。他说这是“周口店发掘工作的辉煌顶峰”。

12 月 28 日，中国地质学会隆重召开特别会议，庆贺周口店发掘工作的突破性的胜利，庆祝发现了中国猿人第一个头盖骨。会议由翁文灏

主持，裴文中、步达生、杨钟健、德日进分别就发现头盖骨化石的经过以及有关中国猿人头盖骨及地质学研究等问题做了专题报告。与会的有科学界、新闻界等各方面的人士。在中国发现了猿人头盖骨的消息，通过媒体迅速传遍了中国，传遍了世界，它震动了整个世界学术界。贺电、贺信从四面八方飞向当时的北平，这其中就有美国古生物学界泰斗奥斯朋的贺电。在那时，中国猿人头盖骨的发现成了北平街谈巷议的新闻。

我是 1931 年春考进中央地质调查所的，被分配到新生代研究室当练习生。同时进调查所新生代研究室的还有刚从燕京大学毕业的卞美年。同年，我们就被派往周口店协助裴文中搞发掘工作。在研究室里，练习生虽属“先生”行列，但地位是最低的小伙计，买发掘用品，给工人发放工资，登记发掘记录，修理化石，装运化石，陪访问学者到各处察看地质，替他们背标本……总之什么活儿都得干，但我不觉得苦。只要有点儿时间，我还和工人们一起去挖掘，对挖出来的动物化石，不懂就向工人们请教，很快我就喜欢上了发掘工作。裴文中看到我有不懂的地方就耐心赐教，从不拿架子。卞美年一有闲暇，就带着我在龙骨山周围察看地质，不但给我讲解地质构造和地层，还教我如何绘制剖面图。我一直把他看作是我的启蒙老师。从他们那里我学到了很多东西。他们还不时地给我一些有关的书看。当时古人类学和古脊椎动物学刚在中国兴起，国内还没有专门的教科书，书全是英文的，我看不懂就向他俩请教，进步得很快，也越来越喜欢这门学科了。

1934年，患有先天性心脏病的步达生因过度疲劳，在办公室内去世。1935年，裴文中到法国去留学。领导推举我主持周口店的发掘工作，那时我刚刚晋升为技佐（相当于助理研究员）。

就在这一年，美籍德国犹太人、世界著名的古人类学家魏敦瑞来华接替步达生的工作。来华之前，他就知道周口店发现了头盖骨、下颌骨和许多牙齿。他来华之后没几天，就到周口店检查工作，之后又接二连三地到周口店勘察地层，并仔细观察工人们挖掘化石的工作，又考了考我关于食肉类动物的腕骨与人的腕骨有什么不同。我详细地做了解答，他很满意。最后，他对周口店的工作信服地说："这么细致地工作，不会丢掉重要东西，是可靠的。这样的方法，据我所知，在世界上也是最

好的。”

1936年，周口店的发掘任务仍是寻找古人类化石。魏敦瑞来北京一年多了，除了一些人牙外，没见到其他重要的材料，心急如焚。其实我心中更是急得冒火，更使我们担忧的是，美国洛克菲勒基金会只同意再给6个月的经费，如果6个月后仍无新发现，洛克菲勒基金会可能会断绝对周口店的资助，新生代研究室也会散摊。此时，日本的侵华战争正在一步步向华北推进，中央地质调查所也随国民党政府南迁。已担任北平分所所长的杨钟健也为此事担心，三天两头往周口店跑。他看到大家仍在兢兢业业、勤勤恳恳地工作，才放心了。

天无绝人之路。正当我们为找不到古人类化石而一筹莫展的时候，这一年的10月22日上午10点左右，当我们发掘到第八、九层时，我突然看到两块石头中间，有一个人的下颌骨露了出来，我当时的高兴劲儿就别提了。我马上趴在现场，小心翼翼地挖了出来。下颌骨已经碎成几块，

我们把化石拿回办公室修理、烘干、粘好，第二天送到魏敦瑞手中。他也高兴起来，很长时间愁苦的脸上有了笑容。

下颌骨的发现，给大家带来了很大的鼓舞。11月15日，由于夜间下了场小雪，上午9点才开始工作。干活儿不久，技工张海泉在临北洞壁由他负责的方格内挖到了一块核桃大小的骨片。我离他很近，问是什么东西，他说："韭菜（碎骨片的意思）。"我拿起一看，不由大吃一惊："这是人头骨！"我们马上把现场用绳子围了起来，只许我和几个技工在圈内挖掘，其余人一概不许进入。我们挖得非常仔细，连豆粒大的碎骨也

不让遗落。在这半米多的堆积内，发现了很多头盖骨碎片。慢慢地，耳骨、眉骨也露了出来。这是个被砸碎的头盖骨，直到中午我们才把所有碎头盖骨挖了出来。接着又是清理、烘干、修复，把碎片一点一点对粘起来。

因为头盖骨的发现，有人断言“新生代研究室要时来运转了”。我们高兴的心情还没平静下来，下午 4 点 15 分时，在距上午头盖骨的发现处下方约半米处，又发现了另一个头盖骨。与上午那个相仿，均裂成了碎片。由于天色已晚，我派 6 个人守护现场，同时拍电报给北平当局。杨钟健没在家，去了陕西老家。他的夫人听到信息，四处打电话找到了卞美年。

卞美年第二天早晨急急忙忙地跑去找魏敦瑞，魏敦瑞还没起床，听到消息后，从床上跳了下来，连裤子都穿反了。他火烧眉毛似的带着夫人、女儿同卞美年一起，由他的朋友开着汽车赶到了周口店。当我们从柜子里拿出

粘好的第一个发现的头盖骨时，魏敦瑞太激动了，手不住地发抖。他不敢用手拿，叫我们把它放在桌上，左看右看，看了个够。午后他又到第二个头盖骨的现场察看发掘情况，由于怕挖坏，挖掘的速度很慢。魏敦瑞只好带着第一个头盖骨返回了北平。第二个头盖骨的所有碎片直到日落西山才搜索完毕。17 日我带着第二个头盖骨返回北平，把它交给了魏敦瑞。

真可谓“柳暗花明又一村”。11 月 25 日夜，下了一场小雪。26 日上午 9 时，在发现下颌骨的地点之南约 3 米、之下约 1 米的角砾岩中又找到了一个头盖骨。这个头盖骨比前两个都完整，连神经大孔的后缘部分和鼻骨上部及眼孔外部都有，完整程度是前所未有的。当我再次把它交给魏敦瑞时，他竟“啊”了一声，两眼瞪着，发了很长一会儿呆，才缓了过来。

11 天之内连续发现了 3 个头盖骨的消息，再一次震动了世界学术界，全国乃至全世界各地报纸纷纷登载这一消息。12 月 19 日，在中国地质学

会北平分会上，魏敦瑞和我做了报告。魏敦瑞说："现在我们非常荣幸，因为中国猿人在最近又有新的发现：10月下旬发现猿人下颌骨1面，并有5颗牙齿保存；11月15日，一天内又发现猿人头盖骨两具及牙齿18颗；26日更发现一个极完整之头盖骨。对于这次伟大之收获，我们不能不归功于贾兰坡君。"

以上说的只是北京人化石产地的发现。早在1934年，我们也曾在北京人遗址附近的山顶洞发现了山顶洞人共7个个体，同时还发现了大量的装饰品。山顶洞人的头骨与现代人的头骨相比，没有什么明显的差异，是属于距今1.8万年左右的晚期智人化石。

第4章
北京人头盖骨
丢失之谜

有关北京人化石丢失之谜，很多报纸杂志都有过报道，本来与这本小书没有什么关系，可是这件事已经过去几十年了，仍有人问起。这说明很多人对丢失北京人化石这件事情始终不能忘怀。1998年，我与其他13名中国科学院院士一起签名呼吁“让我们继续寻找‘北京人’”，北京电视台、中国科学院等单位还共同发起了“世纪末的寻找”活动。所以就此机会，我还想占点儿篇幅向读者简单叙说一下丢失的经过。

1937年“七七事变”，日本帝国主义全面侵华战争开始，不久北平就被日军占领了。由于日美还没有开战，北平协和医学院仍在照常工作。当时所有在周口店发现的北京人化石、山顶洞人化石以及一些灵长类化石，其中有一个非常完整的猕猴头骨，都保存

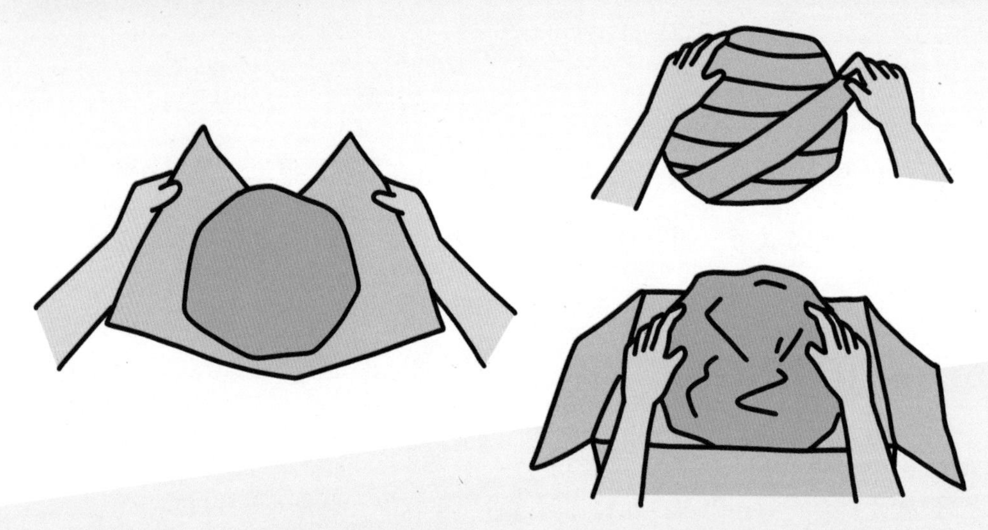

在协和医学院 B 楼解剖科的保险柜里。因为步达生和后来接替他的魏敦瑞都在那里办公。

1941 年，日美关系越来越紧张，许多美国人及侨民纷纷离开中国。魏敦瑞也决定离开中国去美国纽约自然历史博物馆继续研究北京人化石。他走前曾嘱咐他的助手胡承志把所有的北京人化石的模型做好，先做新的，后做旧的，时间紧，越早动手越好。他还特别叮嘱助手，在适当的时候，把所有的化石装箱，运往安全的地方保管。

大约在珍珠港事件前三个星期，魏敦瑞的女秘书希施伯格通知胡承志把化石装箱。胡承志在征得裴文中的同意后，找到解剖科技术员吉延

卿开始装箱。

大家装箱时非常仔细，先把化石用绵纸包好，再用卫生棉和纱布裹上，外边再包一层白软纸后放入小木盒内，盒内也垫上卫生棉，然后分门别类装入两只没刷过漆的大木箱内，木箱与木盒、木盒与木盒之间还垫上了瓦楞纸。两只木箱一大一小，装好后，只在木箱上分别注上“Case 1”和“Case 2”的标记，随后送到协和医学院总务处长、美国人博文的办公室，后来箱子又由博文转运到了F楼4号保险库内。自此，北京人化石、山顶洞人化石及一些灵长类化石等全部没有了下落。

据说，珍珠港事件前，原打算把这两箱化石交给美国驻华大使詹森，托他找人带到美国交给当时中国驻美大使胡适保管，待战后再运回中国。美国大使詹森不敢接收，因为中美双方在成立“新生代研究室”时有协议：不能把所发现的人类化石运往国外。后来还是当了国民党政府经济部长的翁文灏（1948 年任行政院院长）写了委托书，詹森才同意接收。装有化石的箱子被送往美国海军陆战队，又由美国海军陆战队运往秦皇岛，准备搭乘美国到秦皇岛接送海军陆战队和侨民的哈里森总统号轮船，前往美国。但哈里森总统号轮船在从马尼拉开往秦皇岛途中，正赶上太平洋战争爆发，这艘船被日本击沉于长江口外，所以化石根本没有上船。负责携带这批化石的美国军医弗利在秦皇岛被日本军俘虏，从此这批世界文化瑰宝就失踪了。

日军占领了协和医学院后，日本就派了东京帝国大学人类学家长谷部言人和高井冬两位助教来协和医学院寻找北京人化石。当他们打开 B 楼解剖科的保险柜，看到里面装的全是化石模型时，才知道北京人化石被转移了。日本宪兵队到处搜寻，很多人都受到了牵连。协和医学院总务处长博文，甚至连用推车送化石到 F 楼 4 号保险库的工人常文学都被捉进宪兵队进行审讯。解剖科的马文昭教授可算是“二进宫”，一次是为北京人化石，一次是为孙中山先生的内脏。其实这两件事都与他无关。裴文中在家中也受到讯问，并暂时被没收了居住证。在那个时期，没有居住证是不能离开北平的，连上街行走都会遇到麻烦。

北京人化石丢失后，当时各大报纸都纷纷报道了这一消息，再一次震惊世界学术界。尽管日本天皇知道这一消息后，命令日军总司令部负责追查化石的下落，日本军部又派了一名特务，专门到北平、天津、秦皇岛调查此事，但均无结果。从此传说纷纭，谣言四起。

日本投降后，中国国民党政府派代表团寻找被日本侵略者掠去的文物，但其中并没有北京人化石的标本。1946 年 5 月 24 日，考古学家李济在给裴文中的信中说：“弟在东京找‘北京人’前后约 5 次，结果还是没找到。但帝大所存之周口店石器与骨器已交出，由总部保管。弟离东京时，已将索取手续办理完毕。”1949 年 4 月 30 日，时任国民政府驻日本军事代表团团长朱世明向盟军总部递交了一份备忘录，附有一份详细的丢失化石的清单，请盟军协助对这批重要的科学标本进行进一步查询，

仍是没有任何结果。

北京人化石的丢失，牵动着各界人士的心，好多人都自愿出钱出力，搜寻各种线索帮助寻找，但是绝大多数的线索没有任何价值。

1980 年 3 月，我从瑞士驻华大使席望南处获悉，他认识当年准备携带北京人化石回美国的威廉·弗利博士。他非常愿意给弗利去信，就北京人化石丢失这件事叫弗利和我通信联系。弗利在给席望南大使的复信中说："请告诉贾兰坡教授，我对于寻找失落已久的标本仍然抱有希望。请他直接和我联系。"我很激动，因为珍珠港事件爆发后，弗利在天津就成了日本人的俘虏。日本人后来一再声称他们并没把北京人化石弄到手，所以弗利就成了最后一个接触这批化石和掌握它们下落线索的关键人物。而多少年来，很多人想方设法来套取弗利有关这方面的"口供"，他对一些关键性的细节始终都守口如瓶。于是，我给弗利写了第一封信，表示愿意更多地了解有关北京人化石下落的情况。

1980 年 6 月 15 日，我接到了弗利 5 月 27 日从纽约的来信："你那令人激动的来信我收到了。通过我们共同的朋友瑞士驻华大使席望南的介绍，最后处理标本的科学家终于在多年之后和一位曾经受委托安全运送标本的官员相识了。多年来，我一直希望有那么一天，我的目的之一，就是要在我有生之年看到北京人化石安全归回北京协和医学院。我确信它们没有被遗弃，而是被安全细心地保护着以待适当的时候重见天日。”

见了这封信，大家都很激动。瑞士驻华大使对此事非常热心，拟请弗利秋季来华，并为他办理来华的一切手续。无奈因我九月份要出访日本，请弗利改期。而弗利以“贾先生推脱，恐怕另有难言之隐”多次向美国华人、运通银行高级副总裁邱正爵表示，要他访华，除非由中国国家领导人发出邀请。但后来条件越来越降级，改为由“政府邀请”“科学院邀请”，最后由邱正爵

做工作，改为由我出面邀请。我对弗利的狂妄态度深感不安，他提出的要求也太过分。1980 年底，邱正爵访华并与我见了面。他还亲自到天津找到了弗利当年居住过的房子，仔细察看了房子内的情况，发现房子基本上保持着弗利描述的样子。但邱正爵回国后向弗利追问化石是否曾藏在那间房里时，弗利不置可否。邱正爵对弗利的态度也大为不满。

我也曾看过弗利在《71 / 72 康奈尔大学医学院校友季刊》撰文介绍这段经历，他说化石不多，大概装在一打左右的玻璃瓶里。我感到十分蹊跷，认为他见到的根本不是北京人化石。

他还说，他带着标本在秦皇岛等待登上美国轮船时，正赶上珍珠港事件，他被日军俘虏。因为他是医官，没有受到严格的检查，当把他们送往集中营时他还带着标本。当时不用说是个医官，就是再大的官也要接受检查呀!

我觉得弗利一点儿谱都没有，以后跟他断了联系。

1980 年 9 月中旬到 10 月初，纽约自然历史博物馆名誉馆长夏皮罗偕女儿访华，他听一位美国朋友告诉他，北京人化石曾藏在天津的美国

海军陆战队兵营大院 6 号楼地下室的木板层下。他到了天津，在天津博物馆的协助下找到了兵营旧址，那里已成了天津卫生学校，而 6 号楼在 1976 年唐山大地震时倒塌，已经改成了操场。据学校的工作人员说，这些建筑物的地下室从未铺过木板。夏皮罗虽然还带着 1939 年拍摄的兵营建筑照片，但早已面目全非了。

1996 年初，一位日本人在临终前告诉他的朋友，说二战时丢失的北京人化石埋在北京城外东 24 米处，即日坛公园神道附近，在一棵松树上还做了记号。这位日本朋友辗转告诉了中国当局。虽然中国专家不太相信，

但还是对“埋藏”地点进行了技术探测，发现有点儿异常。科学院副院长做出了“抓紧时间，严密组织，保障安全，快速解决”的决定。6 月 3 日上午正式动土发掘，前后近 3 小时，没有结果。探测异常可能是由于钙质结核层引起的。

北京电视台、中科院古脊椎动物及古人类研究所等单位发起的“世纪末的寻找”上了电视和报纸后，我又收到了很多提供线索的来信，但绝大多数的来信没有任何价值。日本的一家通讯社也来信说，他们听闻在北海道有些线索，准备派人前往调查，但后来也没任何信息。

北京人化石是国宝，也是属于世界的、全人类的，有很重要的科学价值。在我有生之年，我当然愿意再见到它们，这也是我们老一辈科学家的心愿。这正像我们 14 名院士做出的“让我们继续寻找‘北京人’”的呼吁所说的那样：也许这次寻找仍然没有结果，但无论如何，它都会为后人留下珍贵的线索和历史资料。同时，它还会是一次我们人类进行自我教育、自我觉悟的过程，因为我们要寻找的不仅仅是这些化石，更重要的是要寻找人类的良知，寻找我们对科学、进步和全人类和平的信念。

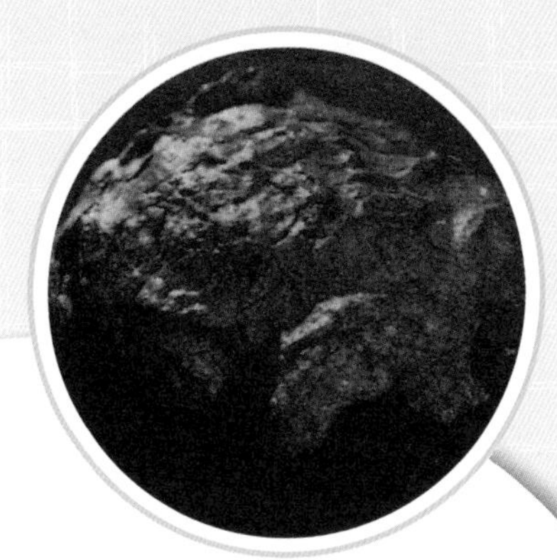

第5章

北京人是最早的人吗？——一场4年之久的争论

裴文中发现了第一个北京人头盖骨，他工作上勤勤恳恳，能吃苦耐劳，我非常敬佩他。我在周口店协助他搞发掘时，一开始什么都不懂，他耐心地教我，从不拿架子，我也十分敬重他。自从发现了北京人头盖骨后，我俩在学术上产生了分歧。首先是关于有没有骨器的问题。1952 年周口店建成了陈列馆，为了使周口店的发现能早日与参观者见面，我带领全体工作人员没日没夜地布置展台，填写标签，大家没有一点儿怨言，全体工作人员只有一个愿望：把陈列馆布置好，早日开放。我们的工作得

到了竺可桢副院长和杨钟健的大力支持。预展之前，裴文中来了，当他见到展台里陈列着的一些骨器时，大为恼火，问我这些是什么。我说：“骨器。”他叫我们打开展台，一边乱扒一边扔，还说：“这也是骨器?!”原来布置得整整齐齐的展台，这下全乱套了。我红着脸争辩：“您的老师和您自己都承认北京人也制作过骨器使用嘛！这些都是选出来打击痕迹很清楚的材料，怎么说它不是骨器呢？”“那就等预展期间听听别人的意见再说吧！”等裴文中走后，我们又一件一件地把标本摆放好。

这件事传到了杨钟健的耳朵里。没想到这点儿小事杨钟健十分重视。杨钟健认为，对骨器的看法有分歧，就应把问题公开化，加以讨论。否则在一个陈列馆里各说各的，认识不统一，参观者更搞不明白，这就不像话。直到 1959 年，我才在《考古学报》第 3 期上发表了一篇题为《关于中国猿人的骨器问题》的文章。文章一开始，我对周口店关于骨器的研究、不同的意见和看法做了阐述，针对裴文中 1938 年发表于《中国古生物志》上的论著《非人工破碎之骨化石》所说的把碎骨分啮齿类动物咬碎、食肉类动物咬碎、食肉类动物爪痕、腐蚀纹、化学作用、水的作

用等几点原因，摆出了我的看法。

关于被石块砸碎的问题，我在文中写道：

洞顶塌落下来的石块把洞内的骨骼砸碎是完全可能的。……砸碎的骨骼一般都看不出打击点，即使偶尔看出砸的痕迹，但它没有一定的方向，而又集中于一点上。同时在被砸碎的骨骼周围还可以找到连接在一起的碎渣。

关于人工打碎的痕迹的问题，我在文章中说：

问题是在于打碎的目的是什么。有人认为：打碎骨骼是为了取食里面的骨髓。这种说法并非不近情理。……那么，是不是所有人工打碎的骨骼都可以用这个原因来解释呢？我认为不能，因为有许多破碎的骨骼用这一原因就解释不通。

我们发现了很多破碎的鹿角。肿骨鹿的角虽然多是脱落下来的，但斑鹿的角则是由角根处砍掉的。这两种鹿的角，多被截成残段，有的保存了角根，有的保存了角尖。肿骨鹿的角根一般只保存12～20厘米，上端多有清楚的砍砸痕迹；斑鹿的角根保存的部分较长，上下端的砍砸痕迹都很清楚，并且第一个角枝常被砍掉。发现的角尖以斑鹿的为多，由破裂痕迹观察，有许多也是被砍砸下来的。在肿骨鹿的角根上，常见有坑疤，在斑鹿的角尖上，常见有横沟，很可能是使用过程中产生的痕迹。

有一些大动物的距骨和犀牛的肱骨，表面显示着许多长条沟痕，从沟痕的性质和分布的情形观察，可以断定它们是被当作骨砧使用而砸刻出来的。

破碎的鹿肢骨发现最多，特别是桡骨和跖骨，它们的一端常被打成尖状，有的肢骨还顺着长轴被劈开，一头再打成尖形或刀形。此外还有许多的骨片，在边缘上有多次打击的痕迹。像上述的碎骨，我们不仅不能用水冲磨、动物咬碎或石块塌落来说明它，也不能用敲骨吸髓来解释。……敲骨吸髓，只要砸破了骨头就算达到了目的，用不着打成尖状或刀状，更用不着把打碎的骨片再加以多次打击。特别是鹿角，根本无髓可取，更不能做无目的的砍砸。

对于被水冲磨的痕迹和被动物所咬的痕迹，我认为：

被水冲磨的碎骨很多……但是这种痕迹很容易识别。……动物咬碎的

骨骼和人工打碎的骨骼虽然容易混淆，但仔细观察，仍可以区别开来的，因为牙齿（多用犬齿）咬碎的常常保持着上宽下窄条形的齿痕，而这种齿痕又多是上下相对应的。

被啮齿类动物咬过的痕迹是容易区别的，因为它们都是成组的、直而宽的条痕，好像是用齐头的凿子刻出来的；条痕之间有左右门齿的空隙所保留的窄的凸棱，而且由于上下门齿咬啃，条痕是上下相对的。

裴文中对我的意见提出了反驳，他在《考古学报》1960年2期上发表了《关于中国猿人骨器问题的说明和意见》的文章。文章说：

我个人还有些不同意贾先生1959年的说法。我个人认为，打碎骨头，是因为骨质内部结构的关系，骨头破碎时自然成尖形或刀状。这不是中国猿人能力所能控制的，不是有意识地打成的。

…………

我个人不反对：周口店的一些碎骨上有人工的痕迹。就是最保守的德日进也承认鹿角上有被烧的痕迹，也有人工砍砸的痕迹。但是他认为是将鹿头在洞内食用时，携入有庞大的鹿角出洞口不方便，而将鹿角砍砸下来的。他的意见是鹿角被烧了以后，容易砸落，烧的痕迹可以证明是为了砍掉鹿角而遗弃不食……

裴文中的文章最后说：

贾先生应该不会忘记自己所说的话："骨片之中，虽有若干是经过人力所打碎，但是有第二步工作的骨器极少，如果严格地说，连百分之一都不足。"

我与裴文中争论的都是学术问题，观点不同而争鸣在学者之间是很正常的。有时争得面红耳赤，但不伤感情。我们得到稿费时，还经常一

起到饭馆撮一顿。

经过对北京人化石和伴生出土的哺乳动物化石的研究，以及对出土化石层的绝对年代的测定认为，北京人生活在距今 71 万—23 万年前，属于直立人。对北京人所使用的工具——石器、骨器进行的研究说明，他们打制的石器已经很好，并有不同的分类，这证明他们根据使用上的不同，已能打制出不同类型的石器。北京人还会使用火，并能使火成堆不向四周蔓延，这也证明了他们可以控制火。几十万年前的北京人能一下就懂了这么多吗？这些经验是需要很长时间的实践和总结，一代一代传授下来的。那么北京人能是最原始的人吗？

我和山西省考古研究所的王建都有相同的看法。而裴文中则认为北

京人是世界上最早的人类，不会再有比北京人更早的人类了。我们认为裴先生的看法是把古人类学关上了大门，不利于这门科学的发展。因而我们写了题为《泥河湾期的地层才是最早人类的脚踏地》的短论，发表在1957年1期《科学通报》上。

泥河湾期的标准地点在河北省西北部的阳原县境内，为一个东西长近百米，南北宽近40米的湖相沉积，以前在国际上一直被认为是距今200万—100万年前早更新世地层的代表。我们在文章中这样写道：

中国猿人的石器，从全面来看，它是具有一定的进步性质的。我们从打击石片上来看，中国猿人至少已能运用三种方法，即摔击法、砸击法、直接打击法（锤击法）。从第二步加工上来看，中国猿人已能将石片修整成较精细的石器。从类型上来看，中国猿人的石器已有相当的分化，即锤状器、砍伐器、盘状器、尖状器和刮削器。这种打击石片的多样性

和石器在用途上的较繁的分工，无疑标志着中国猿人的石器已有一定的进步性质。虽然如此，但也不容否认，中国猿人的石器和它的制造过程还保留着相当程度的原始性质。

人类是否有一个阶段是“用碎的石子，以其所成的偶然状为工具”呢？肯定是有的。但事实证明，这种人类不是中国猿人，而应该是中国猿人以前的，比中国猿人更原始的人类。假若没有这样一个阶段，就不可能有中国猿人所制造的石器的产生。因为事物是由简单到复杂，由低级到高级而发展的。同时很多事实表明，人类越在早期，他的文化进程越慢。那么中国猿人能够制造较精细的和种类较多的石器，这是人类在漫长岁月中同自然做斗争的结果。由此可见，显然与中国猿人时代相接的泥河湾期还应有人类及其文化的存在。

裴文中对我们的短论进行了反驳。1961 年他在《新建设》7 月号杂志上发表了《“曙石器”问题回顾》的文章。文章说：

至于说中国猿人石器之前有人工打制的“石器”，我觉得这种说法也难以成立。周口店第 13 地点的时代是要比第 1 地点较早一些，但周口店第13地点的石器，我们始终认为它仍然是中国猿人制作的。而且也只有1件石器，虽然它的人工痕迹没有人怀疑，但不能说是一种文化，或者说是中国猿人文化以外或以前的一种文化。更不能证明中国猿人之前，存在着另一种人类，如莫蒂耶所说Homosinia（半人半猿）之类的人一样。

至于说中国泥河湾期（即更新世初期）有人类或有石器，我们应该直率地说，至今还没有发现同样的问题，也就是“曙石器”问题。在西方学者中曾争论了近百年，也有许多人尽了很大的努力寻找泥河湾期（欧洲维拉方期）的人类化石和石器，但没有成功。如果欧洲的科学发展程序可以为我们借鉴的话，我们除了在一些基本原则问题上展开“争鸣”以外，是否可以做一些有用的工作，如试验、采集工作？这比争论现在科学发展还没到达解决时间的问题，或比在希望不大的地层中去寻找有争论的“曙石器”，可能更有意义一些。

我和裴先生对北京人是不是最原始的人的争论，引起了很大的轰动。《新建设》《光明日报》《文汇报》《人民日报》《科学报》《历史教学》《红旗》等报刊上都发表了对此争鸣的文章和意见。参加这场争鸣的人除了我和裴文中外，还有吴汝康、王建、吴定良、梁钊韬、夏鼐等先生。他们都认为中国猿人不是最原始的人。

1962年，夏鼐在《红旗》17期上，发表了《新中国的考古学》的文章，其中有这样一段话：

1957年山西芮城县匼河出土的石器，据发现人说，比北京猿人还要早一些。现在我们可以将我国境内人类发展的几个基本环节联系起来。最近，关于北京猿人是不是最原始的人这一问题，引起了学术界热烈的争鸣。有的学者认为，北京猿人已知道用火，可以说已进入恩格斯和摩尔根所说的人类进化史上的"蒙昧期中期阶段"，不会是最古老的、最原始的人。匼河的旧石器也有比北京猿人更早的可能。

到了这时，这场达4年之久的争论才算停止。虽然没有争出个子丑寅卯，但对这门学科是个大促进，也给这门学科带来了很大的动力。大家为了寻找比北京人更早的人类遗骸和文化，拼命地工作，并为这门学科的发展带来了新的曙光。

第6章
找到了比北京人更早的人类化石

对待科学的态度，我认为人的头脑要围着事实转，不能让事实围着自己的头脑转。对的就要坚持，不管你面对的是外国的权威，还是中国的权威。错了就要坚决改，不改则会误人误己。科学是要以事实为依据的，争来争去，没有证据也是枉然。

1953 年 5 月，山西省襄汾县丁村以南的汾河东岸，一些工人在挖沙时，发现了不少巨大的脊椎动物化石。山西省文物管理委员会接到报告后，派王择义前往调查。在县政府的协助下，征集到了 1.1 米长的原始牛角、象的下颌骨、马牙等动物化石，还有一些破碎的石器、石片和很像是人工打制的带有棱角的石球。同年，中科院古脊椎动物研究室的古脊椎动物专家周明镇到山西了解采集的脊椎动物化石的情况，见到了这些石片，他认为有人工打击的痕迹，就把动物化石和石片等都带到了北京，准备进一步研究。旧石器除周口店外，在我国发现很少，大家见到周先生带回的材料非常高兴，并把夏鼐、袁复礼等专家请来，一是观看标本，二是讨论丁村地点是否应该发掘。结果大家一致同意把丁村发掘工作做为 1954 年古脊椎动物研究室的工作重点。1954 年 6 月，裴文中与山西省

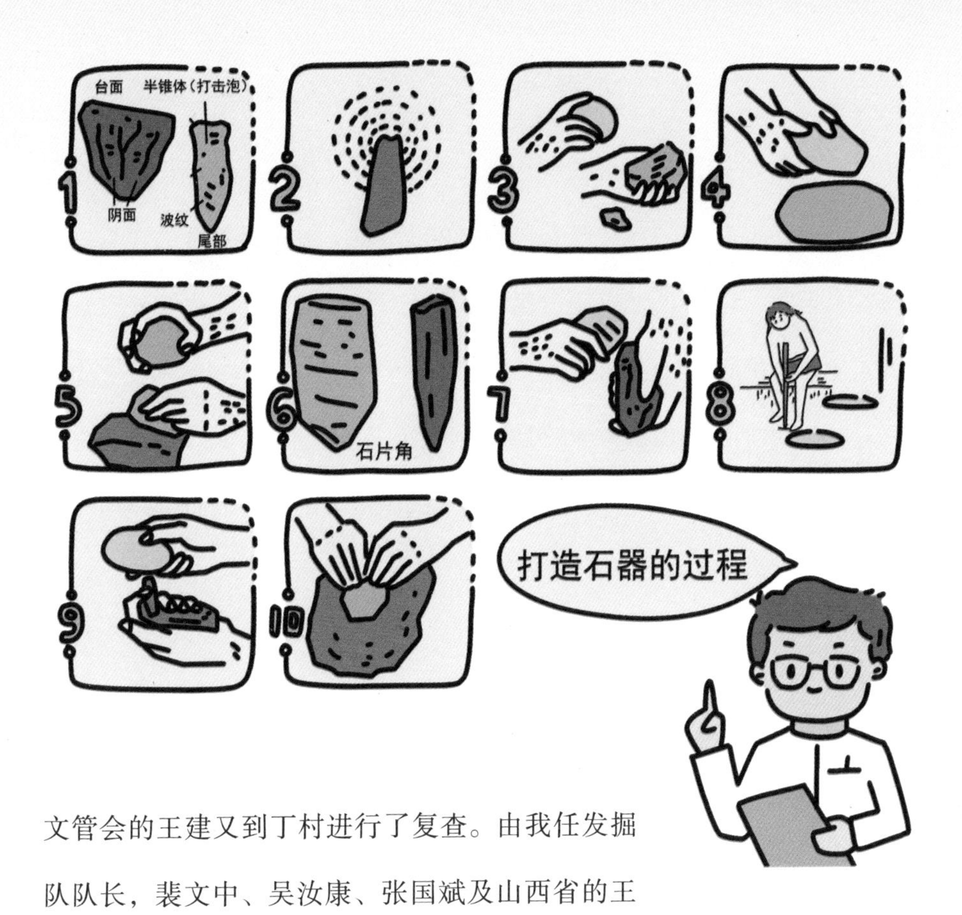

文管会的王建又到丁村进行了复查。由我任发掘队队长，裴文中、吴汝康、张国斌及山西省的王建、王择义等人参加，9月下旬到丁村开始发掘。我们先进行了普查，共发现了化石点9处，编号为54：90—54：98。后又在附近发现了5处，编号为54：99—54：103。前后共发现了14处。我们只选择了9处地点

发掘，重点集中在54：98、54：99和54：100三个地点。共计发掘了52天，挖土方3320立方米，共采集包括蚌壳、鱼、哺乳动物化石、石器等40余箱。在54：100地点还发现了3颗人牙。后经吴汝康先生研究，认为人牙属于北京人与现代人之间的人类——丁村人。石器经我和裴文中研究，就时代而论，比周口店中国猿人（北京人）文化及第15地点的文化较晚，即属更新世晚期。但丁村文化是我国发现的一个旧石器时代晚期文化，无论在中国或欧洲的其他国家，以前都没有发现类似文化。最初我们推论丁村文化是山顶洞人和北京人之间的一个环节，我们把各地点的石器都作为同一个时期的石器来看待。随着进一步研究，才发现各地点的时代并不相同，各地点的石器类型也不一致。

丁村旧石器遗址的发现，证明了旧石器文化在中国有着不同的传统，并非只有周口店北京人一种传统。丁村人的时代也比北京人的时代晚。虽然还没找到比北京人更早的人类化石和文化，但这对于这门学科也是可喜可贺的。

1957年和1959年，为了配合三门峡水库的建设，中国科学院古脊椎动物与古人类研究所（新中国成立后，新生代研究室归属中国科学院，在新生代研究室的基础上，1953年建立了中国科学院古脊椎动物研究室，1957年改为现名）在那一带做了许多工作。从发现的材料看，那一带是研究第四纪地质、哺乳动物化石和人类遗迹的重要地点。1960年，我们把匼河一带作为年度工作重点，同年6月我带队前往发掘，重点定为60：54地点。那里的地层剖面很清楚，最下面的是淡褐色黏土，时代应为距今100多万年的更新世早期。在这层上面含有脊椎动物化石和旧石器的桂黄色的砾石层，有1米厚；往上是4米厚的层次不平的交错层；再上是20米厚的微红色土，夹有褐色土壤和凸镜体薄砾石层；最上面是细砂和砂质黄土。在这里我们发现了扁角大角鹿、水牛、师氏剑齿虎等哺乳动物化石。发现的石制品是以石片为主，有大小石片和打制石片剩下来的石核以及一面或两面加工过的砍斫器等。扁角大角鹿在周口店北京人地点最下层和第13地点也发现过，根据这种动物的生存年代和绝种年代，我们认为匼河地点的时代应划为更新世中期的早期。从石器上观察，北京人的石器在制作技术上比匼河发现的石器有进步。尽管匼河的石器

也有早晚之分，我们都按同一个时代看待它们，无疑匼河的石器要早于北京人使用的石器，至少 60：54 地点的发现是如此。

虽然我们把重点放在匼河，但仍派出一部分人在附近搜寻新地点。在匼河村东北 3.5 千米，黄河以东 3 千米的西侯度村背后，当地人称为“人疙瘩”的一座土山之下的交错砂层中，我们发现了一件粗面轴鹿的角，粗面轴鹿生活在距今 200 万— 100 万年前。在发掘粗面轴鹿角的过程中，还发现了 3 块有人工打击痕迹的石器。为了慎重起见，我们在《匼河》一书中只说：“其中还发现了几件极有可能是人工打击的石块。”1961 年

的6至7月间和1962年春夏之际，王建又主持了两次发掘。发掘都是在“自然灾害”等原因造成的全国处在生活极端困难的情况下进行的。西侯度地点的地层剖面十分完整，总厚139.2米。产化石和石器的地层位于距底部79米之上的交错砂层中，有1米左右厚。从剖面就

能看出，含化石和石器的地层属于更新世早期。发现的哺乳动物化石有剑齿象、平额象、纳玛象、双叉麋鹿、晋南麋鹿、步氏真梳鹿、山西轴鹿、粗壮丽牛、中国长鼻三趾马等，

它们都是更新世早期的绝灭种。与化石同层发现的石器，除 1 件为火山岩，3 件为脉石英外，其余都是各种颜色的石英岩。在石器组合中，有石核、石片、砍斫器、刮削器和三棱大尖状器，最大的石核有 8.3 千克重。我和王建在研究了这些石器后，写了《西侯度——山西更新世早期古文化遗址》一书。

西侯度遗址的发现，使更多的人确信北京人不是最早的人类，这从文化遗存上得到了证实。能不能找到 100 万年前的人类化石呢？

1959年，地质部秦岭区测量大队的曾河清在一次三门峡第四纪地质会议上，介绍了陕西省蓝田县泄湖镇的一个第三纪和第四纪的剖面。同年，中国科学院地质研究所的刘东生先生也到泄湖镇采集脊椎动物化石标本，并对第三纪地层做了划分。根据这条线索，中国科学院古脊椎动物与古人类研究所于1963年6月派出张王萍、黄万波、汤英俊、计宏祥、丁素因、张宏等6人组成野外工作队，到蓝田县一带，开展了系统的地质古生物调查和发掘。7月中在蓝田县西北10千米处的泄湖镇陈家窝村附近发现了一个完好的人类下颌骨和一些石器。下颌骨经吴汝康先生研究是距今60万—50万年前的直立人下颌骨。吴先生定名为“蓝田猿人”。这一发现增加了蓝田地区在学术上的重要地位。

1963年第四季度，全国地层委员会扩大会议在北京举行。会上提出中国科学院古脊椎动物与古人类研究所和其他单位协作，再次对蓝田地

区大范围的新生代（从六七千万年前到现在）时期的地层进行详细调查。参加这次调查的有地方部门、大专院校和中国科学院有关研究所共 9 个单位，对这一地区的地层、地貌、冰川、新构造、沉积环境、古生物、古人类和旧石器考古等学科涉及的领域进行综合性的考察和研究。古脊椎动物与古人类研究所除了参加地层调查工作外，还承担古生物、古人类和旧石器的发掘和研究。

1964 年春，所里派遣以我为队长和由赵资奎等人组成的发掘队，对蓝田地区新生界进行了更大规模的调查和发掘。经过 3 个月的努力工作，我们不仅填制了 450 平方千米的 1∶50 000 新生代地质图，实测了 30 多个具有代表性的地质剖面，还发掘出大量的脊椎动物化石和人工石制品。5 月 22 日在蓝田县城东 17 千米处的公王岭发现了一颗人牙。当我赶到发现地点，天下着小雨，大家正围着大约有一立方米的被钙质结胶的土块商量。土块上露出了很多化石，化石很糟朽，一不小心，会把化石挖坏，能否整块地运回北京，再慢慢地修理？经过讨论，大家决定用“套箱法”，即用大木箱将土块套起来，再将土块底部挖空，把箱子扶正，往空隙处灌上石膏。这一箱被钙质结胶在一起的化石运回北京后，经过技工几个月的修理，除了修出哺乳动物化石外，10月19日还修出了一颗人牙。几天后又出现了一个人的头盖骨、上颌骨和一颗人牙。

人类化石经吴汝康先生研究，认定是距今110万年前的直立人头骨。吴先生也把它定名为“蓝田中国猿人”。其实公王岭的头骨应称“蓝田直立人”，简称“蓝田人”，而陈家窝的下颌骨从构造看应属北京人。

蓝田直立人的发现，又一次在国内外引起轰动，这是继20世纪20年代末、30年代中期周口店发现了北京人之后，在我国发现的又一个重要的直立人头骨化石。它不仅扩大了直立人在我国的分布范围，而且把直立人生存的年代往前推进了五六十万年，从而给在我国有没有比北京人更早的人的争论画上了圆满的句号。

随之，1965年，在我国的云南省元谋盆地上那蚌村附近的小丘梁发现了2颗人的上门齿，经研究测定，为170万年前的直立人化石。1998年在四川省巫山县的龙骨坡也发现了距今200万年前的石器，安徽省繁昌县也发现了240万—200万年前的石器。这证明了人类的历史越来越提前。

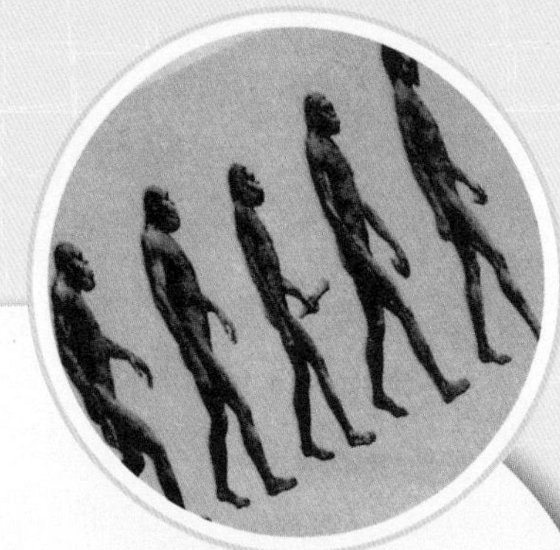

第7章 人类起源的演化过程

周口店发现了北京人头盖骨之后，人们对人类起源的认识大为改观。过去反对人类起源于猿，说“人就是人，怎么能是从猿猴变来的呢”的这些人沉默寡言了。在周口店不但发现了人的头盖骨，而且还发现了人工打制的工具——石器以及骨器、鹿角器、灰烬、烧石、烧骨等人为的证据。我曾说过这样的话：“北京人解放了其他国家所发现的早期人类化石。”

随着社会不断前进，古人类学和旧石器考古学不断壮大和发展，许多珍贵的人类化石和他们使用的石器在世界各地不断被发现，古人类学基本上已经能够较完整地向人们展示人类演化的历史全过程。尽管在人类进化过程中仍存在很多缺环，有些问题还有很大的分歧和争议，但人类起源于猿再没有人反对了。

既然人是从猿进化来的，人猿同祖，那么，人、猿、猴的祖先又是什么样的呢？这就要先了解灵长类的起源。

最古老的灵长类，也就是人类及现代所有猿猴的共同祖先，可上溯到6500万年前的古新世。这种动物不像猴，倒像松鼠，是爱在地上乱窜、专门以昆虫为食的胆小哺乳动物。在古新世，地球上到处都是热带森林，

在这大片的森林中有很多外形像老鼠的哺乳动物，像今天的田鼠、鼹鼠、豪猪等都是它们的近亲。可能树上的食物比地上丰富，有一些像老鼠一样的早期哺乳动物开始爬上了树，以果实、昆虫、鸟蛋及幼鸟为食。今

天仍有这种早期灵长类的后裔，称之为“原猴”，其中包括狐猴和眼镜猴。这些原猴几千万年以来，体形骨骼几乎没什么变化，因为它们非常适应这样的生活环境。但是另外一些种类的原猴变化很大，它们随着环境、气候或其他与之生存相关的动物的变化，影响到物种的演变。这种变化大的原猴，由于树栖生活，后肢变长，前爪渐渐失去了像鼠类那样的尖爪，变成了扁平的指甲。以后它们出现了特有的神经系统，能控制肌肉运动。特别是立体视觉的产生，使它们在大幅度地转动脑袋时，能准确地判断距离。大脑不断地频繁处理从感觉器官传来的信息，并指挥四肢运动，

所以大脑的进化和相对体积也都比其他动物大。到了 3800 万年前的始新世晚期至渐新世早期，至少已经有了较为高等的灵长类。

有一种叫“副猿”的灵长类，它的颌骨和牙齿与现代原猴类相近，是现代的眼镜猴或狐猴的祖先；还有一种叫“原上新猿”，它身体的大小和一些结构细节与长臂猿相近；再有一种叫“埃及猿”，它的牙齿结构是典型的猿类，行动方式上也显示出了高等灵长类的特点。这类灵长类化石发现于 1966 年埃及法尤姆，大约 3200 万年的渐新世地层中，这些灵长类被一些科学家认为很可能是人和猿的共同祖先。

云南禄丰发现的拉玛古猿下颌骨

在亚、非、欧三大洲距今 2380 万—532 万年前的中新世地层中，出土了许多被称为“森林古猿”的化石。1956 年，在我国云南省开远小龙潭的煤层中发现了一些牙齿，也被定为森林古猿的化石。森林古猿的化石发现很多，且与黑猿较相似，但一些特征很像猴子。人们发现森林古猿的个体差异很大，有的很小，有的很大，有的在大小之间。一些科学家认为人类有可能是由某个地方的森林古猿种群演化来的。

1932年，美国古人类学家路易斯在印度和巴基斯坦交界的西瓦拉克山发现了一件中新世晚期的灵长类右上颌残片，将它称为“拉玛古猿”。它的齿弓不像其他猿类那样呈两侧缘，而几乎是平行的U形。猿类有很长的犬齿，而人类的犬齿很小，拉玛古猿的犬齿也很小。拉玛古猿的生存年代估计在距今1000万—800万年前。与拉玛古猿伴生在一起的还有另一种猿类，被称为“西瓦古猿”。它与拉玛古猿很相似，只不过拉玛古猿具有一些似人的性状。从19世纪50年代以来，一些专家把拉玛古猿看作是人类演化中最古老的猿类祖先，曾称它们为“尚不懂制造石器的人类的猿型祖先”。也有一些学者认为拉玛古猿和西瓦古猿是同一类古猿，只是性别上的差异；而拉玛古猿与人无关，只是亚洲的褐猿的直系祖先。

到目前为止，究竟哪类古猿是人和猿的共同祖先还没有定论，众说纷纭，有待于新材料的发现和更深入的研究。

1924年，在南非的塔昂，采石工人发现了一具似人又似猿的残破头骨，

经南非约翰内斯堡维特瓦特斯兰德大学解剖学教授利芒德·达特的研究，他认为这是6岁左右的幼儿头骨，全套乳齿保存完整，臼齿的恒齿已开始长出，犬齿像人一样很小，并能直立行走，这具塔昂幼儿头骨可能代表了猿与人的中间环节，被定名为“非洲南猿”化石。1925年，达特在英国《自然》杂志宣布了这一发现，声称找到了人类的远祖。但是，在当时这一发现遭到了各方面的质疑而被埋没了很多年。南非比勒陀利亚特兰斯瓦尔博物馆脊椎动物馆馆长罗伯特·布鲁姆认为达特的判断是对的，只不过没有足够的证据。他经过多年的不懈努力，终于找到了不少南猿的化石材料。这些南猿化石有两种类型，一种叫纤细型南猿，一种叫粗壮型南猿。而且南猿能直立行走，是早期人类的祖先。

艺术家根据有关南猿化石的文献和模型复原的两种南猿——粗壮型南猿（左上）和纤细型南猿（右下）的画像

再以后，非洲有很多地方发现过南猿化石。如南非的塔昂、斯特克方丹、克罗姆德莱、斯瓦特克兰斯、马卡潘斯盖等，东非坦桑尼亚的奥杜威峡谷，肯尼亚的图尔卡纳湖东岸，埃塞俄比亚的奥莫河谷等地区都有发现。亚洲南部也有可能找到它们的踪迹。

1974年，埃塞俄比亚的哈达地区发现了一具保存达40%的骨架遗骸。这是一种十分矮小纤细的南猿，被称为“露茜少女”。这是一种新的，

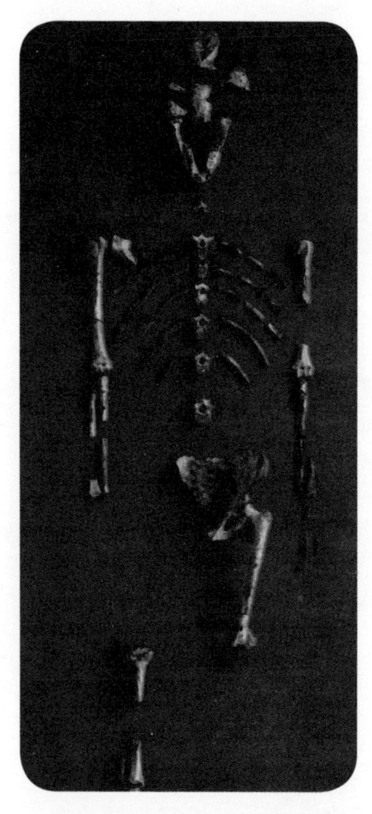

1974年在非洲埃塞俄比亚的哈达发现的纤细型南猿骨架——“露茜少女”

更古老、更原始的南猿，被定名为“南方古猿阿法种”。经年代测定，它生活在距今330万—280万年前。此后，寻找人类祖先的高潮又掀起来了。

肯尼亚内罗毕市柯林顿纪念博物馆的馆长路易斯·利基夫妇及儿子、儿媳，多年来一直为寻找人类的远祖和石器的制造者默默地在东非工作着。1950年，利基夫妇在东非坦桑尼亚奥杜威峡谷找到了一个头骨。这个头骨从外表上看很像粗壮南猿，臼齿很大，但仔细观察，其牙齿更像人的。利基将它定名为“东非人鲍氏种”。后来这具头骨归属南猿类的一个种叫“南猿鲍氏种”。1959年，利基夫妇又在奥杜威找到了简单的、用

鹅卵石制造的工具，被称为“奥杜威工具”。1960年，利基的儿子又在东非距发现东非人不远的地方发现了牙齿和骨片，这些比鲍氏种甚至比纤细型南猿更具有人的特点。利基将这具化石定为“能人”，认为这些“能人”是石器工具的制造者。这一看法被大多数科学家接受。

根据目前发现的化石材料看，科学家们对人类的早期演化得出了大概的轮廓：

1．人与猿至少在距今500万年前就分道扬镳了。

2．400万—250万年前，远古人类在进化过程中，分成不同的几支，

先进的与落后的并存。

3. 先进的一支能人继续向着直立人发展，落后的类型逐渐地灭绝，能人再进一步进化，就成了直立人，他们生活在距今170万—30万年前。过去将他们称为“猿人”，比如，“爪哇猿人”、“中国猿人”（也称“北京猿人”）、“蓝田猿人”等。实际上直立人现在看来是人类在进化过程中的一环，他们会打制不同用途的石器，有使用火的文明史，而且脑

容量已达1000—1300立方厘米；下肢与现代人十分相似，说明其直立姿态已很完善。所以我们现在将他们称为人，如北京人、蓝田人、元谋人等。虽然把这一阶段的人在学术上称为直立人，但并不能说明南猿和能人能直立行走。在人类起源的整个过程中，人们最初对于直立人（猿人）的全面认识，主要来自北京人的发现及对其文化的研究。所以1929年，裴文中在周口店发现的第一个北京人头盖骨在研究人类起源过程中占有重要的地位。

第8章

人类使用的工具也是人类起源的证据

人是从猿进化来的，人与猿的真正区别在于人会制造工具。所以我一直认为，在猿向人类演化的过程中，只有能制造工具时，才算是人了。

由于气候和环境的变化，热带和亚热带的森林逐渐减少，丰富的地面食物促使树栖生活的古猿开始向地栖生活转化。为了取食、防御猛兽的侵害，谋求生存和发展，它们不得不借助其他物体来延长自己的肢体，弥补自身的不足。频繁地使用木棍和石块，慢慢地成了地面生活不可缺少的条件，这也意味着从猿到人的转变过程随之开始了。这些人科动物因频繁使用天然物，上肢逐渐从支撑身体的功能中解放出来，形成了灵巧的双手，上肢变短，拇指变长，并能与其他四指相对，以便灵巧地捏、拿、握任何物体。整个下肢增强、变长，为了适应地面行走，大脚趾与其他四趾变短并靠拢，脚底形成有弹性的足弓和发达的后跟，逐渐形成了人的腿和脚。

骨盆的变化则更大，猿的半直立的狭长的骨盆开始向短宽强壮的人类骨盆发展，这说明人科动物正在向人的直立姿势进化。直立的姿势对身体结构也产生了一系列的深刻影响，例如，头部挺起来了，不再向前倾，

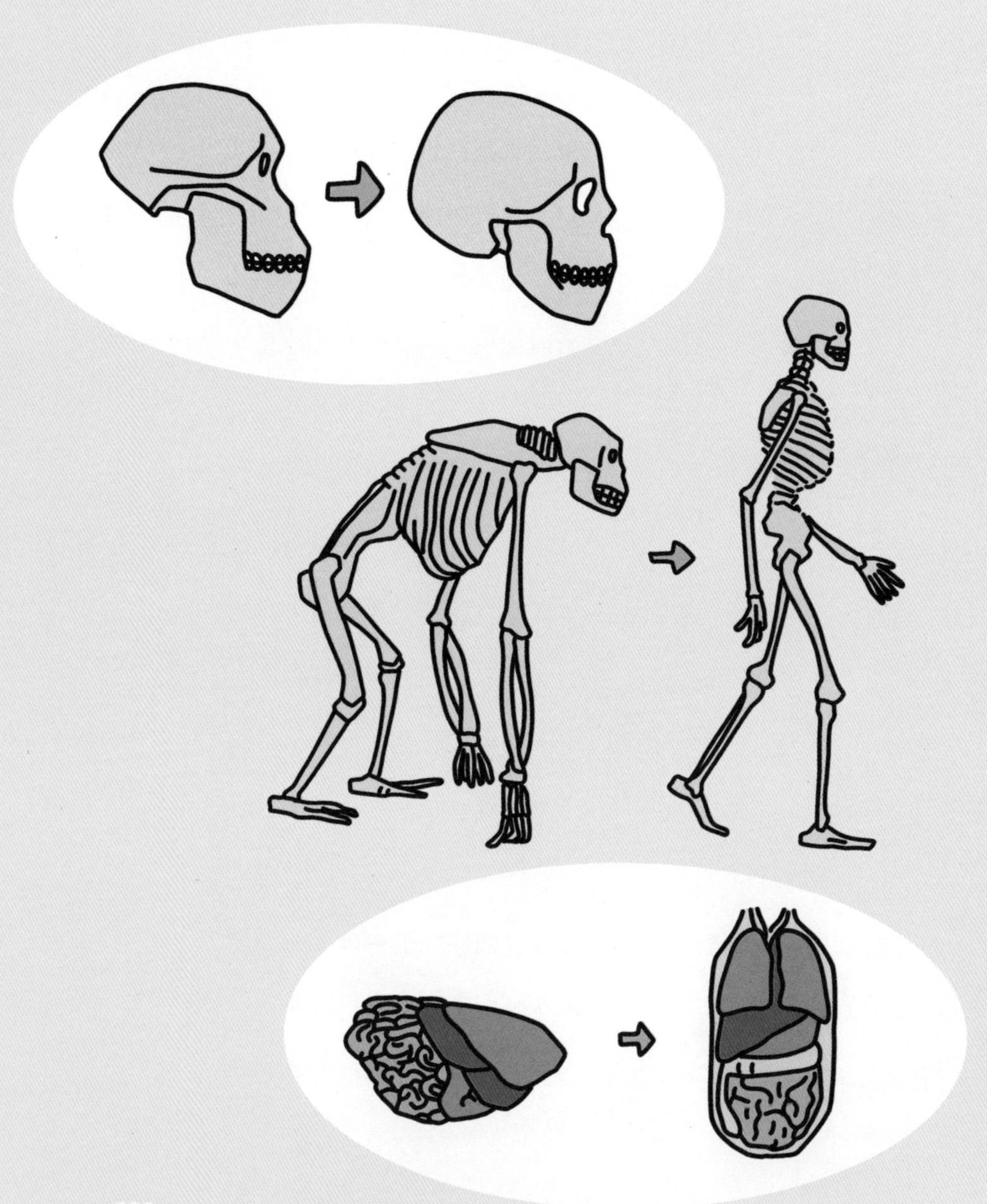

颅骨的枕骨大孔位置由后逐渐前移；身体重心不断下移，脊柱逐渐形成S形弯曲；内脏器官的排列方式改变，大部分重量不压在腹壁上，而朝下压在了骨盆上；等等。

人与其他灵长类的区别，表现在直立行走，制作和使用工具，有发达的大脑和语言。双手使用天然工具，促使身体朝着直立发展，而直立又反过来进一步解放了双手。随着思维活动的增强，大脑也逐渐发达起来，脑容量增加了，产生了原始语言，也增强了自觉能动性。从使用天然工具逐步变成了制作适手的工具，最后到制作各种不同用途的工具。从猿到人的演化已经基本完成了。所以说古人类使用的工具，也是人类起源的最有力的证据，而古人类使用的石器和其他物品均被称为“物质文化”或“文化”。早期人类由于认识能力和技术水平很低，当他们需要找比较坚硬的材料制作工具时，最现成的原料就是石头。石头取材方便，加工简单，何况在不会制作石器之前，就使用天然石块做武器或工具了。随着对石块认识的加深，开始有选择地使用带刃的、较为锋利的石块，用钝了就扔。人类活动的频繁和复杂化，使人类懂得了制作简单的工具，

随后对原材料的选择也有了进一步的认识。石器的加工也日益精致，最后能按不同的用途加工成各种各样的形状。

石器加工的粗糙与精致，除了技术原因外，原材料也是一个很重要的因素。古人类所处的生活环境中，有优质的原材料，就能打制出很精美、很锋利的石器；没有优质的原材料，打制出的石器就很粗糙。为了寻找优质材料加工成石器，他们把选择优质石料作为一项重要的采集工作，或把优质石料的产地，当作他们的采集场或石器加工场。

目前，根据对旧石器时代的石器的发现和研究、比较，石器可以分成砍斫器工艺类型、手斧工艺类型、石片（石叶）工艺类型。砍斫器和手斧类型多是重型工具，石片（石叶）类型则是轻型工具。有些学者认为重型石器多为住在森林中的人使用，工具的用途以砍伐树木，敲砸骨头和坚硬的果实为主；轻型工具（最小的不足 1 克，大的也只有 10 多克）可能为草原中的人所使用。按这种说法推论，同一地点发现的石器有大有小，就是居住的环境既有森林，也有草原了。北京人当时在周口店居

住的环境就是如此，所以其地点发现的石器有大也有小。

世界各地发现的石器各不相同，这只是从总体上来看的，相同的类型有时也有，只是比例上有大有小而已。欧洲发现的石器多是用石核或厚石片两面打成的，又称作“两面器”。这种石器在欧洲占有主要的地位。我国的石器多数是石片再加工成的，虽然也有石核打制成的石器，但比例不大。相反，在欧洲发现的石器虽然也有石片石器，但为数较少，在打击石片、制作方法和器形上也与我国的不同。

随着人类历史的发展，人们认识到了强化生产活动和工具使用的效率这个问题。旧石器时代的中晚期已有磨光石器被零星使用，磨光石器一直被认为是新石器时代的代表性物品。磨光石器一般被认为与砍伐树木、开田务农有关。虽然打制的石斧也能砍伐树木，但很容易变钝，需要经常修理，而修理后的石斧又不如原来的锋利，大大影响了工具的使用寿命。经过磨光后的石器，表面光滑，刃口平直，砍伐时的阻力比不磨光的小得多。虽然磨光一件石斧要比打制一件石斧花费的时间要长得

多，费力也多，但它们的使用寿命也长，使用时也很省力。有一项试验表明，一件磨光的石斧在 4 个小时里砍伐了 34 棵树之后，刃口才变钝。随着农业的出现，在农耕中采用磨光的石锄和石锛有着极大的优越性。此后，磨光石器应运而生。

长期以来，把磨光石器作为新石器时代的代表器物的同时，也把陶器视为新石器时代的一种标志。陶器的发明和使用，与人类农耕定居活动有着密切的关系，与人类生活方式的变化有关。陶器的功能一般用于贮藏和炊煮食物。但在陶器发明之前，在旧石器时代晚期，制陶技术就已经出现，那时只是用焙烧方法制作陶像，还没想到用这种方法也能烧制容器。制陶工艺在距今 28 000—24 000 年前开始出现，而陶器的出现要晚 14 000 年左右。

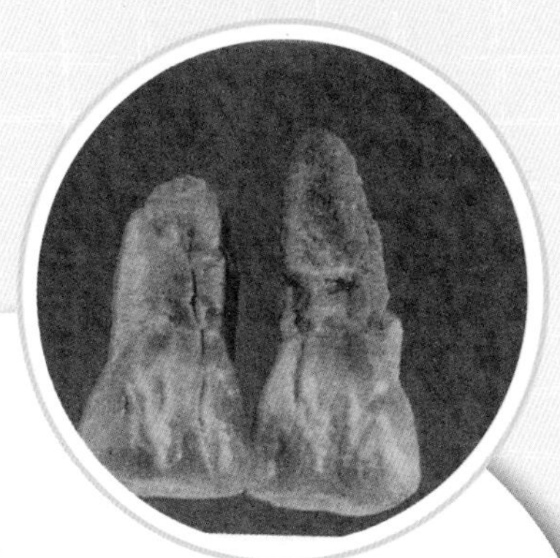

第9章 人类诞生在地球历史上的位置

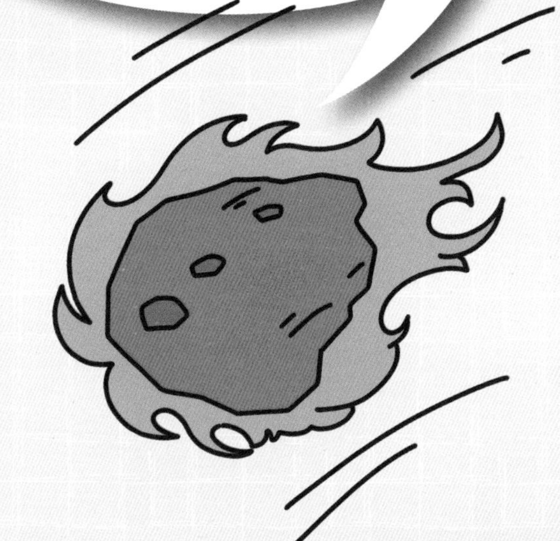

人类进化的历史已经有几百万年了。但与地球的历史相比较，也只不过是很短的事。尽管早期的人类化石材料不断被发现，人类的历史也越来越提前。根据我个人的观点，人类的历史已经有 400 万年了，但与地球的历史相比也只是一瞬间。

现在探索的结果，地球的形成已有 40 亿—46 亿年了。根据地史学的研究和国际上的统一规定，整个地球的历史分为五个大的阶段，这五大阶段称作“代”：太古代、元古代、古生代、中生代、新生代。每个代再分成若干个次一级的单位，叫作“纪”；每个纪再分成若干个再次一级的单位，叫作“世”。还有的国家和地区，把“世”又分成若干“期”。

太古代，地球形成之后，很长一段时间内是没有生命的，生命还处在化学进化阶段，这个年代距离我们今天太遥远了。

元古代，大约距今 17 亿年前，地壳发生了一次大的变动，生物界出现了一次大的飞跃，生命从化学进化阶段一跃而进入了生物进化阶段，有生命的物质开始出现。元古代又分成前震旦纪和震旦纪。元古代的早期叫作

前震旦纪；晚期大约开始于19亿年前，结束于5.7亿年前，叫作震旦纪。

古生代，大约在距今5.7亿年前，地球的环境又发生了一次大的变动，促使生物界出现了一次空前的大飞跃，大量的古代生物在地球上开始出现。古生代分成了六个纪：寒武纪，始于5.7亿年前，结束于5.1亿年前；奥陶纪，始于5.1亿年前，结束于4.38亿年前；志留纪，始于4.38亿年前，结束于4.1亿年前；泥盆纪，始于4.1亿年前，结束于3.55亿年前；石炭纪，始于3.55亿年前，结束于2.9亿年前；二叠纪，始于2.9亿年前，结束于2.5亿年前。

中生代，大约在二叠纪末期，由于环境适宜，地球上的脊椎动物大量涌现，特别是爬行动物空前繁盛。各种“龙”特别多，水中有鱼龙，空中有翼龙，陆上有各种恐龙，所以中生代又称为“龙的时代”。中生代划分为三个纪：三叠纪，始于 2.5 亿年前，结束于 2.05 亿年前；侏罗纪，始于 2.05 亿年前，结束于 1.35 亿年前；白垩纪，始于 1.35 亿年前，结束于 6500 万年前。

中生代结束，新生代开始，地球的气候发生突然变化，也有人认为是彗星撞上了地球。植物大量毁灭，引起了生物界的连锁反应，以

植物为生的动物大批灭绝，又给以食肉为生的动物带来了死亡的威胁。总之，在地球上称霸一时的各类恐龙大批灭绝，而在中生代出现的一支弱小的哺乳类动物，得到了生存和发展的机会，派生出很多支系，使地球上的生物出现了一个崭新的面貌，地球也进入了一个更加繁荣的新时代。新生代分三个纪——古近纪、新近纪和第四纪，总共包括七个世——古新世、始新世、渐新世、中新世、上新世、更新世和全新世。

人类是在第四纪开始出现和进化的，比起地球的历史当然是一瞬间的事。有一位科学家打了一个通俗的比喻，如果把地球的历史比作一天的 24 小时，那么 1 秒相当于地球历史的 5 万年。按现今的发现，把人类的历史按 300 万年计算，那人类的出现只相当于 24 小时的最后一分钟。

午夜零点	地球形成
5 时 45 分	生命起源
21 时 12 分	鱼类产生
22 时 45 分	哺乳类动物出现
23 时 37 分	灵长类出现
23 时 56 分	拉玛古猿出现
23 时 58 分	南方古猿出现
23 时 59 分	能人出现
午夜前 30 秒	直立人（猿人）出现
午夜前 5 秒	智人出现

第四纪开始的重要标志是人类的出现。由于古人类化石不断被发现，而且人类化石的年代越来越早，所以第四纪起始的年代也越来越往前提。20 世纪 20 年代—30 年代，在古人类学和考古学研究领域中，一般认为北京人是属于更新世早期的人类。第四纪起始年代定为距今约 60 万年前。

随着爪哇人被承认为直立人阶段的古人类，而且年代比北京人还要早，国际地质学会1948年在伦敦的会议上，把欧洲的维拉方期和中国的泥河湾期划归为更新世早期，北京人生活的时代为更新世中期，第四纪起始年代改为距今约100万年前。到了20世纪60年代，超过100万年的古人类化石又不断地有了新发现。第四纪起始年代又前推到了距今150万—200万年前。近十多年，非洲大陆不断地有更早的人类化石发现，第四纪起始年代又推到距今300万年前。

1989年，在美国西雅图举行的“太平洋史前学术会议”上，我曾建议把地质年表中的最后阶段“新生代”一分为二，把上新世至现代划为“人生代”，把古新世至中新世划为“新生代”。我认为这样的划分比过去的划分更明确。

北京人复原像

第10章

21世纪古人类学者的三大课题

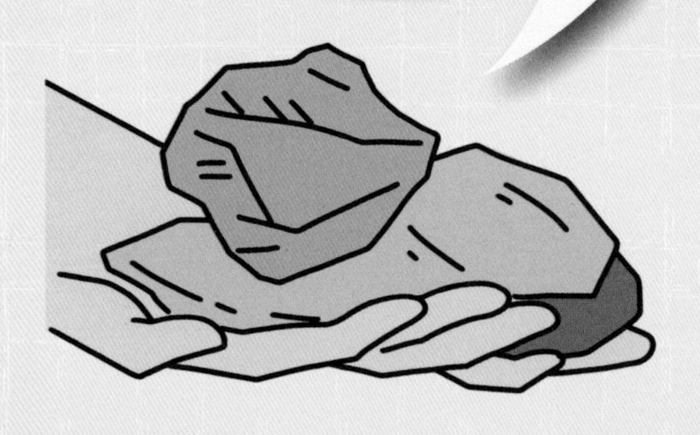

第10章
21世纪古人类学者的三大课题

改革开放以来，随着经济的崛起，科教兴国战略的实施，科学和文化领域有了欣欣向荣的崭新面貌。有人称21世纪是中国在各方面全面发展的世纪。我国从20世纪初兴起的古人类学、旧石器考古学，到目前为止，人类起源的地点、人类起源的时间、人类在演化过程中先进与落后的重叠现象这三大课题还没有一个满意的答案，这将是这门学科在21世纪的主要研究课题，也是古人类学研究中最引起人们注目和最富有吸引力的课题。

人类起源的地点，最初有人认为是欧洲，因为欧洲研究古人类的历史较早，最早发现的古人类化石也在欧洲。随着古人类学的发展，以及古人类化石和文化的不断发现，欧洲起源说没人赞同了，就连欧洲的学者也承认人类起源地不在欧洲。后来非洲发现了古人类化石，有人把目光转向了非洲，说人类起源于非洲。当发现亚洲有了更多的古人类化石后，又有人认为亚洲是人类的发祥地。这个问题直到现在还在争论。

美国学者马修1911年在纽约科学院宣读了《气候与演化》的论文（1915年正式出版）。论文中他支持1857年利迪提出的人类起源于“中亚”的论点。

利迪认为，在中亚高原或附近地带出现了最早的人类。不过利迪的论点在当时没有受到人们的重视和接受。美国人类学家奥斯朋 1923 年提出：人类的老家或许在蒙古高原。他认为最初的祖先不可能是森林中人，也不会从河滨潮湿、多草木、多果实的地方崛起。只有高原地带环境最艰苦，人类在那里生活最艰难，因而受到的刺激最强烈，这反而更有益于演化，因为在这种环境中崛起的生物对外界的适应性最强。

我的观点是，人类起源于亚洲南部即巴基斯坦以东及我国的广大西南地区。这是因为 1965 年在我国云南省元谋盆地发现了距今 170 万年前的元谋直立人牙齿，1975 年在云南省开远县和禄丰县发现了古猿化石，这种最初定名为拉玛古猿的化石出土的褐煤层，距今有 800 万年的历史，处于中新世晚期到上新世早期。这种古猿最带有人的性质，被称为“尚不懂制造石器的人类的猿型祖先”。在元谋县班果盆地也有人型超科化石的发现。

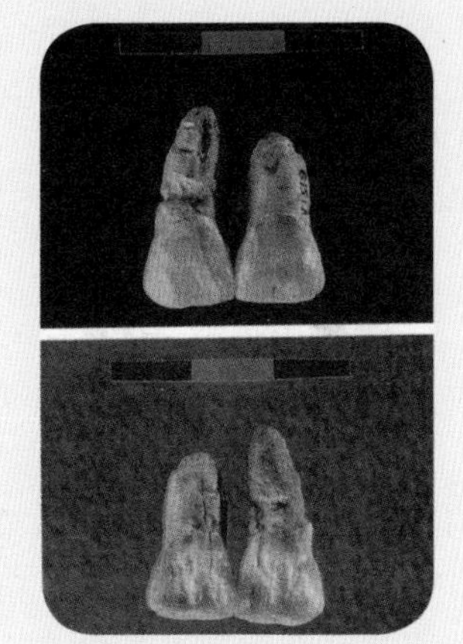

元谋人牙齿

1975年，中国科学院古脊椎动物与古人类研究所的专家们，到喜马拉雅山脉中段和希夏邦马峰北坡海拔4100—4500米的古陆盆地考察，发现了时代为上新世（距今500万年前—200万年前）的三趾马动物群。除三趾马外，还有鬣狗和大唇犀等。从三趾马的生态环境看，那里多是森林草原的喜暖动物。根据当地孢子的花粉分析，此地曾生长桃木、棕榈、栎树、雪松和藜科、豆科植物，这些都属于亚热带植物。

1966年—1968年，中国科学院组织的珠穆朗玛峰综合考察队连续三年在那里进行考察和研究。郭旭东先生发表了论文，认为在上新世末期（距今200多万年前），希夏邦马峰地区的气候为温湿的亚热带气候，年平均温度为10℃左右，年降水量2000毫升。喜马拉雅山在上新世时海拔约1000米，气候屏障作用不明显。这些条件都适合古人类的生存。我在1978年出版的《中国大陆上的远古居民》一书中就这样表述过："由于上述的理由，我赞成'亚洲'说，如果投票选举的话，我一定投'亚洲'的票，并在票面上还要注明'亚洲南部'字样。"

关于人类起源的时间也是大家最关心的问题。人是由猿进化来的，已经没有疑义了，那么人猿相区别是在什么时候呢？人是与猿刚一区别的时候就应该叫作人，还是从能制造工具的时候才算人呢？周口店北京人发现之后，才知道人已有50万年的历史了。随着对北京人使用的工具——石器的深入研究，发现它们的加工很细，不但能选用石料，还能分出各种类型，这证明北京人因用途不同而会打制不同类型的石器。再有，在北京人遗址发现了灰烬，而且成堆，里边还有被烧烤过

北京人使用的石锥

的石头和动物骨骼，这证明北京人不但已经懂得使用火，而且还会控制火。这些进步都不可能在很短的时间内认识到或者做到，必须经过很长时间的实践和总结。因而我和王建先生提出了北京人不是最原始的人的论点，并发表了《泥河湾期的地层才是最早人类的脚踏地》的短论，引起了长达4年之久的公开争论。随后元谋人、蓝田人化石，西侯度、东谷坨、小长梁等地的石器被发现，经研究证明，它们都比北京人早得多，距今已有180万—100万年的历史。就文化遗物——石器而言，目前发现的石器都有一定的类型和打制技术，当然不能代表最原始的技术，但目前谁也不能肯定地说出最原始的石器是什么样。后来发现又有了新进展，在四川省巫山县的龙骨坡发现了距今200万年前的石器，在安徽省繁昌

地区也发现了距今 240 万—200 万年前的石器。

我在 1990 年发表的《人类的历史越来越延长》一文中说过："……（人）能制造工具的历史已有 400 多万年了。"说来也巧，这篇文章发表不久，美国人类学家就在非洲发现了距今 400 多万年前的人类化石。

人类在演化过程中的重叠现象是非常复杂而又十分棘手的问题。人在演化过程中并不是呈直线上升的，而是原始与进步同时并存的，我把它叫作"重叠现象"。这种表现最为显著的是，辽宁省营口发现的金牛山人和周口店发现的北京人相比，金牛山人比北京人要进步得多，属早期智人。而北京人生活的年代是距今 70 万—20 万年前，在这段时期内，北京人的体质变化不大，这就说明先进的金牛山人出现的时候，落后的北京人的遗老遗少们还仍然生存于世。他们之间可能见过面，也可能为了生存彼此之间还打过架。这种重叠现象，并非仅在中国存在。

重叠现象不仅存在于人类的演化过程中，他们遗留下来的石器也屡见不鲜。过去我在华北工作的时间较长，把华北的旧石器文化划分为两个系统，这是按照石器的大小和使用的不同而划分的。在广大的国土上是否有其他系统和类型？答案是肯定的。因为人类有分布，文化有交流和交叉。

在河北省阳原县小长梁发现的细小石器，制作精良，最小的还不到1克。这些石器能与欧洲10万年前的石器媲美。1994年中国科学院地球物理研究所专家用先进的超导磁力仪测定，小长梁遗址距今为167万年。虽然这为我提出来的“细石器起源于华北”增加了证据，但石器之小，打制技术之好，年代之久远，是什么人打制的呢？仍是令人百思不得其解。

综述以上三大问题，是21世纪古人类学者和旧石器考古学者面临的重大课题。不是外国人说什么就是什么，也不是一两个“权威”就能说了算数的，这是全世界这门学科的学者所面临的课题。既然如此，就应该展开国际合作，特别是培养更多的年轻人参加到这门学科队伍中来，他们思想开放，更容易掌握先进技术和方法。要解决这三大课题，古人类学者和旧石器考古学者任重而道远。

第11章 保护北京人遗址

我是从发掘周口店起家的，我的成长、事业、命运都与周口店紧紧地连在一起。没有周口店，也就没有我的今天。青少年朋友可能不知道有我这个贾兰坡，但一定会知道周口店北京人遗址，这在课本上都会学到的。在周口店北京人遗址里，发现古人类和古脊椎动物化石材料之多、背景之全，在世界上是首屈一指的。很多科学论著、科普文章、教科书以及一些报纸杂志在论述人类起源问题时，不论是国内的还是国外的，都会提及周口店。这也说明周口店在研究人类起源问题上的重要位置。1987 年，联合国教科文组织将周口店北京人遗址列入《世界文化遗产名

贾兰坡在工作

山顶洞人复原人像

录》。1992 年，北京市政府把周口店北京人遗址列为北京青少年教育基地。同年，它又被评为北京十大世界旅游景点之一。1993 年，在第七届全运会上，我亲手在这里点燃了“文明之火”的火种，它与“进步之火”在天安门广场汇合，象征着中华民族的文明与进步日益腾飞。

到 1999 年的 12 月 2 日，距北京人第一个头盖骨的发现已经 70 周年了。自从敲开了北京人之家的大门后，北京人遗址有了它非常辉煌的时期，而由于经费不足，无力保护和修缮，当时的第 1 地点、山顶洞、第 4 地点、第 15 地点都受到不同程度的损坏。有人在著述中很形象地比喻说：“它就像人们迁入了现代化的公寓后，无意再光顾昔日的竹篱茅舍一样受人冷落。”有人在《光明日报》上撰写文章说，周口店遗址以厚厚的尘埃和萧条陈旧的衰落之态呈现于世人面前。1988年，联合国教科文组织在中国考察了几处文化遗产，指出周口店遗址比起故宫、长城、秦俑、敦煌，是目前保护最差、受损最严重的一处。

随着社会的进步、科学的发展，现代文明越来越被人们接受。我们古老的祖先——北京人早在50万年前，就学会了打制各种类型的石器，特别是学会了用火，并能控制火。他们也在创造文明，我们决不应该忘记。

我曾多次著述和呼吁，要保护好这个世界文化遗产，希望有识之士像20世纪30年代的洛克菲勒基金会一样资助周口店。可喜的是，党和政府着手做了这方

面的工作。1996 年，联合国教科文组织、中国科学院、法中人种学基金会联合召开了“修复世界文化遗产——北京人遗址”方案论证会。论证会十分成功，有关方面着手拨款在周口店修建一个世界一流的古人类博物馆，抢修第 1 地点和山顶洞的方案当时也在筹备之中。

我常想，要把这门学科世世代代传下去，就要为青少年普及这方面的科学知识，使青少年能够产生对这门学科的爱好。既然周口店是青少年教育基地，那么，除了保护好它之外，在有条件的情况下，在遗址周围还应该仿照50万年前的情景，种上树木和草丛，塑造出正在打制石器、狩猎、采集果实、使用火的北京人，逼真地再现北京人的生活场景，使参观者一走入北京人遗址的大门就仿佛回到几十万年前。这样，北京人遗址会越来越受到人们，特别是青少年的喜爱，使之成为真正的教育青少年的基地。青少年对这门学科产生了浓厚的兴趣，就会有更多的青少年加入到这门学科队伍中来。这门学科有了新鲜的血液，就会更有活力，就能有更加快速的发展，也就能再现新的辉煌。

古人类化石表

南方古猿类化石

名称	发现时间	国别	发现地点	主要标本	地质年代	曾用学名
非洲南方古猿	1924 年	南非（阿扎尼亚）	塔昂（Taung）	头骨	早、中更新世	非洲南方古猿（Australopithecus africanus）
	1936 年	南非（阿扎尼亚）	斯特克方丹（Sterkfontein）	头骨、肢骨	早更新世	德兰士瓦迩人（Plesianthropus transvaalensis）
	1939 年	坦桑尼亚	加鲁西（Garusi）	左上颌骨	不明	非洲魁人（Meganthropus africanus） 非洲前人（Praeanthropus africanus） 非洲猿人（Africanthropus njarasensis）
	1947 年	南非（阿扎尼亚）	马卡潘斯盖（Makapansgat）	头骨片	早更新世	普罗米修斯南方古猿（Australopithecus prometheus）
	1965 年	肯尼亚	卡纳波伊（Kanapoi）	肱骨下段	距今 400 万年	南方古猿
	1967 年	肯尼亚	洛塔甘（Lothagam）	下颌骨	距今 550 万年	南方古猿
	1970 年	坦桑尼亚	库彼福勒（Koobi Fora）	头盖后部	距今 182 万—160 万年	

续表

名称	发现时间	国别	发现地点	主要标本	地质年代	曾用学名
粗壮南方古猿	1938 年	南非（阿扎尼亚）	克罗姆德莱（Kromdraai）	头骨、肢骨	中更新世	粗壮傍人（Paranthropus robustus）
	1948 年	南非（阿扎尼亚）	斯瓦特克兰斯（Swartkrans）	头骨、髋骨	中更新世	巨齿傍人（Paranthropus crassidens）
	1971 年	肯尼亚	切索旺雅（Chesowanja）	顶骨	距今 120 万—110 万年	
鲍氏南方古猿	1950 年	坦桑尼亚	奥杜威（Olduvai）	头骨	距今 175 万年	鲍氏东非人（Zinjanthropus boisei）
	1964 年	坦桑尼亚	佩宁伊（Peninj）	下颌骨	中更新世	鲍氏东非人（Zinjanthropus boisei）
	1970 年	坦桑尼亚	库彼福勒（Koobi Fora）	头盖骨、上下颌	距今 182 万—160 万年	鲍氏东非人（Zinjanthropus boisei）
早期南方古猿	1970 年	肯尼亚	戈罗拉（Ngorora）	第二上臼齿	上新世	南方古猿
归属未定	1941 年	印度尼西亚	爪哇三吉岭（Sangiran）	不详	中更新世	古爪哇魁人（Meganthropus palaeojavanicus） 疑似猿人（Pithecanthropus dub*ius*）

续表

名称	发现时间	国别	发现地点	主要标本	地质年代	曾用学名
归属未定	1957 年	中国	华南（地点不明）	一颗臼齿	不明	裴氏半人（Hemanthropus peii）
	1960 年	巴勒斯坦	尤拜迪亚（Ubeidiya）	部分颅骨	不明	约旦人（Jordanthropus）？狼人？
	1962 年	乍得	科罗托罗（Koro Toro）	部分头骨	早、中更新世	乍得古猿（Tchadanpithecus uxoris）副南方古猿（Paraustralopithecus）
	1967 年	埃塞俄比亚	奥莫（Omo）	下颌骨、牙齿	早更新世	副南方古猿（Paraustralopithecus）
	1970 年	中国	湖北建始	臼齿	不明	南方古猿

早期猿人化石

名称	发现时间	国别	发现地点	主要标本	地质年代	曾用学名
能人	1960 年	坦桑尼亚	奥杜威（Olduvai）	头顶骨	早更新世	Homo habilis
伊利雷特	1971 年	坦桑尼亚	伊利雷特（Ileret）	不详	早更新世或晚上新世	Homo
1470 号颅骨	1972 年	肯尼亚	图尔卡纳湖东岸（East udolf）	头骨、肢骨	距今 280 万—200 万年	Homo
巴林戈	不详	肯尼亚	巴林戈（Baringo）	右颞骨片	距今 350 万—300 万年	
阿法	1974 年	埃塞俄比亚	阿法（Afar）	颌骨、髋骨	距今 350 万年	南方古猿阿法种（Homo）

晚期猿人化石

名称	发现时间	国别	发现地点	主要标本	地质年代	曾用学名
直立人	1981 年	印度尼西亚	爪哇（Java）	头盖骨、股骨	中更新世	直立猿人、爪哇猿人（Pithecanthropus erectus）
海德堡人	1907 年	德国	海德堡（Heidelberg）	下颌骨	距今 50 万—40 万年	
北京猿人	1929 年	中国	北京周口店	头盖骨、下颌骨、肢骨、牙齿等	距今 50 万年	中国猿人北京种（Sinanthropus pekinensis）
莫佐克托猿人	1936 年	印度尼西亚	爪哇莫佐克托（Modjokerto）	小儿头盖骨	早更新世末	莫佐克托猿人（Pithecanthropus modjokertensis）
粗壮猿人	1938 年	印度尼西亚	爪哇三吉岭（Sangiran）	头骨后部、下颌骨	早更新世末	
开普猿人	1949 年	南非（阿扎尼亚）	斯瓦特克兰斯（Swartkrans）	下颌骨	中更新世	
药铺猿人	1952 年	中国	华南（地点不明）	臼齿	中更新世	中国猿人药铺种（Sinanthropus officinalis）
阿特拉猿人	1954 年	阿尔及利亚摩洛哥	土尼芬（Ternifine）阿布德拉多	下颌骨、顶骨	第二间冰期初	毛里坦阿特拉猿人（Atlanthropus mauritanicus）
利基猿人	1960 年	坦桑尼亚	奥杜威（Olduvai）	头盖骨、股骨、髋骨	距今 50 万年	利基猿人（Homo leakeyi）舍利人（Chellean man）

续表

名称	发现时间	国别	发现地点	主要标本	地质年代	曾用学名
奥杜威13号头骨	1963年	坦桑尼亚	奥杜威（Olduvai）	头骨	不明	
蓝田猿人	1964年	中国	陕西蓝田	头盖骨、下颌骨	距今78万—85万年	中国猿人蓝田种（Sinanthropus lantianensis）
元谋猿人	1965年	中国	云南元谋	两颗上中门齿	距今60万年左右	
沈劝人	1965年	越南	沈劝（Tham Khuyen）	牙齿	第二间冰期	
维尔德兹佐洛猿人	1965年	匈牙利	维尔德兹佐洛（Vertesszollos）	枕骨、牙齿	距今40万年	古匈牙利（Homo paleohungaricus）
捷克猿人	1969年	捷克斯洛伐克	布拉格（Praha）以北	臼齿	距今40万年	
郧县猿人	1975年	中国	湖北郧县梅铺	门齿、前臼齿、臼齿	中更新世	
郧西猿人	1976年	中国	湖北郧县白龙洞	牙齿	中更新世	
和县猿人	1980年	中国	安徽和县龙潭洞	头盖骨、牙齿、下颌骨	中更新世	
南京人	1993年	中国	南京汤山	头盖骨	中更新世	
金牛山人	1994年	中国	辽宁营口	骨架	中更新世末	

早期智人化石

名称	发现时间	化石产地		主要标本	地质年代
		国别或地区	发现地点		
直布罗陀人	1848 年	直布罗陀（英）	直布罗陀（Gibraltar）	头骨	距今 7 万—4 万年
尼安德特人	1856 年	德国	尼安德特（Neanderthal）	头骨、肢骨	玉木早期
斯庇人	1886 年	比利时	斯庇（Spy）	两具成年男性骨架	
克拉皮纳人	1895 年—1906 年	南斯拉夫	克拉皮纳（Krapina）	14 个个体（9 个成人、5 个幼童），200 多颗牙齿	
莫斯特人	1908 年	法国	莫斯特（Le Moustier）	不详	
圣沙拜尔人	1908 年	法国	圣沙拜尔（La Chapelle-aux-Saints）	老年男性骨架	距今 4.5 万—3.5 万年
基纳人	1908 年—1921 年	法国	基纳（La Quina）	不详	玉木早期
费拉西人	1900 年—1921 年	法国	费拉西（La Ferrassie）	7 个个体，包括成人、小孩、新生儿和胎儿	距今 3.5 万年以上
埃林斯多甫人	1914 年—1925 年	德国	埃林斯多甫（Ehringsdorf）	20 多岁女人头骨、下颌骨，幼童下颌骨、头后骨骼	距今 12 万—6 万年

续表

名称	发现时间	化石产地		主要标本	地质年代
		国别或地区	发现地点		
断山人（罗得西亚人）	1921 年	赞比亚	断山（Broken Hill）	成年男性头骨	距今 10 万—3 万年
奥哈巴 - 波诺尔	1923 年	罗马尼亚	奥哈巴 - 波诺尔（Ohaba-Ponor）	右足第二趾骨	玉木早期
基克 - 柯巴人	1924 年	苏联	基克 - 柯巴（Kik-Koba）	成年肢骨，小儿体骨、肢骨	玉木冰期
朱蒂耶人或加里里人	1925 年	巴勒斯坦	朱蒂耶（zuttiyeh）加里里（Galilee）	不完整男性头骨（额骨、颧骨、鼻骨、蝶骨）	距今 7 万年
加诺西人	1926 年	捷克斯洛伐克	加诺西（G ánovce）	颅腔骨膜	距今 7 万年
卡麦尔人 塔邦人 斯虎尔人	1929 年—1934 年 1931 年—1932 年	巴勒斯坦 巴勒斯坦	卡麦尔山（Mount Carmel） 塔邦（Tabun） 斯虎尔（Skhul）	成年女性完整骨架，成年男性下颌 5 男、2 女、3 幼童	距今 7 万—4 万年 距今 7 万年
萨科帕斯托人	1929 年—1935 年	意大利	萨科帕斯托（Saccopastore）	成年男女头骨	距今 6 万年
昂栋人（梭罗人）	1931 年—1941 年	印度尼西亚	昂栋［（Ngandong Solo）］	头盖骨 12 个	晚更新世

续表

名称	发现时间	化石产地		主要标本	地质年代
		国别或地区	发现地点		
斯坦海姆人	1933 年	德国	斯坦海姆（Steinheim）	女性头盖骨	距今 20 万—25 万年
卡夫泽人	1934 年—1967 年	巴勒斯坦	卡夫泽（Qafzeh）	10 个个体	距今 7 万年
斯旺斯科姆人	1935 年	英国	斯旺斯科姆（Swanscombe）	头骨	距今 25 万年
捷什克 - 塔什尼人	1938 年	苏联	捷什克 - 塔什尼（Tesek-Tash）	幼童头骨	玉木冰期
坎萨诺人	1938 年	法国	坎萨诺（Quinzano）	头骨	距今 15 万—7 万年
孟色西人	1939 年—1950 年	意大利	孟色西（Monte Circeo）	头骨（成年男性）、下颌骨	玉木早期
丰德谢瓦人	1947 年	法国	丰德谢瓦（Font échevade）	头骨碎片	距今 7 万—15 万年
蒙特莫兰人	1949 年	法国	蒙特莫兰（Montmaurin）	下颌骨	距今 7 万—15 万年
阿西苏居人	1949 年—1951 年	法国	阿西苏居（Arcy-Sur-Cure）	下颌骨	距今 14 万年
斯塔罗谢雅人	1952 年	苏联	斯塔罗谢雅（Staloselje）	2 岁幼儿	不明
豪亚弗塔人	1952 年—1955 年	利比亚	豪亚弗塔（Haua Fteah）	下颌骨	距今 4 万年
苏尔达纳人	1953 年	南非（阿扎亚）	苏尔达纳（Saldanha）	头盖骨、下颌骨	距今 4 万年

续表

名称	发现时间	化石产地		主要标本	地质年代
		国别或地区	发现地点		
沙尼达尔人	1953 年—1960 年	伊拉克	沙尼达尔（Shanidar）	7 个个体	距今 5 万—4.7 万年
丁村人	1954 年—1976 年	中国	山西襄汾	头骨碎片、牙齿	距今 10 万年
长阳人	1956 年—1957 年	中国	湖北长阳	上颌骨	距今 6 万—4 万年
牛川人	1957 年	日本	爱知县牛川	肱骨	里斯 - 玉木间冰期
马坝人	1958 年	中国	广东韶关	头骨	距今 10 万年
佩特拉郎那人	1960 年	希腊	佩特拉郎那（Petralona）	头骨	玉木冰期
耶贝尔依罗人	1961 年	摩洛哥	耶贝尔依罗（Jebel Iroud）	头骨及面骨	不明
阿木德人	1961 年—1964 年	巴勒斯坦	阿木德（Amud）	4 个个体，一成年男性完整骨架	距今 7 万—4 万年
沈海人	1964 年	越南	沈海（Tham Hai）	牙齿	距今 2 万年
奥莫人	1967 年	埃塞俄比亚	奥莫（Omo）	2 个个体	距今 10 万—5 万年
陶塔维人	1971 年	法国	陶塔维（Tautavel）	面骨、颌骨、下颌骨	距今 20 万年
桐梓人	1972 年	中国	贵州桐梓	牙齿	距今 10 万年
新洞人	1973 年	中国	北京周口店第 4 地点	牙齿	距今 10 万年
许家窑人	1976 年	中国	山西阳高	牙齿、头骨碎片	距今 10 万年
大荔人	1978 年	中国	陕西大荔	头骨	不明
巢县人	1982 年	中国	安徽巢县	枕骨等	不明

晚期智人化石

名称	发现时间	化石产地		主要标本	地质年代
		国别或地区	发现地点		
克罗马农人	1868 年	法国	克罗马农（Cro-Magnon）	5 个个体	距今 3 万—2 万年
格里马迪人	1872 年—1901 年	摩洛哥	格里马迪（Grimaldi）	7 个个体	距今 4 万年
商塞拉德人	1888 年	法国	商塞拉德（Chancelade）	成年男人	距今 1.7 万—1.2 万年
瓦加克人	1890 年	印度尼西亚	瓦加克（Wadjack）	2 个头骨及下颌骨、牙齿	距今 4 万年
布尔诺人	1891 年	捷克斯洛伐克	布尔诺（Brno）	头骨、下颌骨碎片、头后骨骼	玉木晚期
普列摩斯提人	1894 年—1957 年	捷克斯洛伐克	普列摩斯提（Predmosti）	27 个个体	距今 3.48 万年
孔姆卡佩人	1909 年	法国	孔姆卡佩（Combe-apell）	成年男人头骨	距今 3.4 万年
博斯科普人	1913 年	南非（阿扎尼亚）	博斯科普（Boskop）	头骨	晚更新世
奥伯卡斯尔人	1914 年	德国	奥伯卡斯尔（Oberkassel）	2 个个体	距今 1.7 万—1.2 万年
河套人	1922 年—1956 年	中国	内蒙古伊克昭盟乌审旗	头骨、肢骨碎片、牙齿	更新世末
阿塞拉人	1927 年	马里	阿塞拉（Asselar）	成年男性骨骼	更新世末

续表

名称	发现时间	化石产地		主要标本	地质年代
		国别或地区	发现地点		
阿尔法卢人	1928年—1929年	阿尔及利亚	阿尔法卢（Alfalou）	48个个体，包括成年男、女和小孩	晚更新世
明尼苏达人	1931年	美国	明尼苏达（Minnesota）	头骨	距今1.1万年
明石人	1931年	日本	不详	腰椎骨	晚更新世
弗洛里斯巴人	1932年	南非（阿扎尼亚）	弗洛里斯巴（Florisbad）	头骨	距今3.5万年
山顶洞人	1934年	中国	北京周口店山顶洞	7个个体	距今2万—1万年
札赉诺尔人	1933年—1943年	中国	内蒙古满洲里札赉诺尔	2个头骨、上下颌骨	距今1万年
凯洛人	1940年	澳大利亚	凯洛（Keilor）	头骨等	距今1.3万年
通庄人	1942年	越南	通庄（Lang Thung）	牙齿	晚更新世
希昂克洛维纳人	1942年	罗马尼亚	希昂克洛维纳（Cioclovina）	头骨	玉木冰期
特佩克斯潘人	1949年	墨西哥	特佩克斯潘（Tepexpan）	头骨	距今1.1万年
下草湾人	1954年	中国	江苏泗洪下草湾	胫骨中段	晚更新世
伦达人	1956年	德国	伦达（Rhunda）	头骨右侧骨片	晚更新世
建平人	1957年	中国	辽宁建平	肱骨	晚更新世

续表

名称	发现时间	化石产地		主要标本	地质年代
		国别或地区	发现地点		
柳江人	1958 年	中国	广西柳江	头骨、椎骨、骶骨	晚更新世
尼阿人	1959 年	马来西亚	尼阿（Niah）	头骨	距今 3.9 万年
丽江人	1960 年—1964 年	中国	云南丽江	头骨、股骨	晚更新世
荔浦人	1961 年	中国	广西荔浦	牙齿	晚更新世
滨北人	1961 年—1962 年	日本	静冈县滨北	头骨片、肢骨片	晚更新世
峙峪人	1963 年	中国	山西朔县	枕骨	距今 2.8 万年
新泰人	1966 年	中国	山东新泰	牙齿	玉木冰期
马尔莫人	1967 年	美国	马尔莫（Marmes）	头骨	距今 1.3 万—1.1 万年
芒戈湖人	1968 年	澳大利亚	芒戈湖（Lake Mungo）	头骨	距今 3.2 万—2.5 万年
科阿沼泽人	1968 年	澳大利亚	科阿沼泽（Kow Swamp）	40 个个体	距今 1 万年
阿拉哈巴德人	1971 年	印度	阿拉哈巴德（Allahabad）	不详	距今 1 万年
左镇人	1972 年	中国	台湾台南左镇	头骨	距今 3 万—2 万年
西畴人	1973 年	中国	云南西畴	不详	不明